安徽省一流教材建设项目成果／高职计算机类精品教材

ASP.NET程序设计案例教程

主　编　张　华

副主编　李为为　　宋丽萍

参　编　王玉琼　　韦靖康　　张俊峰

中国科学技术大学出版社

内 容 简 介

ASP.NET是微软公司推出的服务器端应用程序开发工具,是当今主流Web程序开发技术之一。本教材设置了20个任务,深入浅出、循序渐进地讲授如何使用ASP.NET进行系统开发,包含ASP.NET开发环境、C#基本语法、Web服务器控件、ASP.NET内置对象、ADO.NET数据库访问技术、导航控件、主题、模板、文件操作、登录控件、ASP.NET应用程序配置与部署等知识点,每个知识点都与任务相结合。任务典型实用、重点突出、讲练结合,有助于学生理解与运用相关知识。每章均配有习题,有助于读者对所学知识的掌握。

图书在版编目(CIP)数据

ASP.NET程序设计案例教程/张华主编.—合肥:中国科学技术大学出版社,2022.11
ISBN 978-7-312-05337-5

Ⅰ. A… Ⅱ. 张… Ⅲ. 网页制作工具—程序设计—教材 Ⅳ. TP393.092.2

中国版本图书馆CIP数据核字(2022)第194848号

ASP.NET 程序设计案例教程
ASP.NET CHENGXU SHEJI ANLI JIAOCHENG

出版	中国科学技术大学出版社
	安徽省合肥市金寨路96号,230026
	http://press.ustc.edu.cn
	https://zgkxjsdxcbs.tmall.com
印刷	安徽国文彩印有限公司
发行	中国科学技术大学出版社
开本	787 mm×1092 mm 1/16
印张	17
字数	380千
版次	2022年11月第1版
印次	2022年11月第1次印刷
定价	46.00元

前　　言

ASP.NET是Web应用程序开发工具之一,是微软推出的基于公共语言运行库的开发软件。ASP.NET构建的应用程序可以运行在大部分平台上,它简单易学、灵活、安全、易于部署、支持移动设备,并且具有可扩展性和可管理性。ASP.NET使用虚拟服务器环境和应用程序的设置更加简单。ASP.NET是一个统一的Web开发平台,为开发人员提供创建企业级Web应用程序所需的服务。

本书是安徽省质量工程项目(项目编号:2020yljc102)和安徽省教育厅高水平专业群(高职)“阜阳职业技术学院计算机网络技术专业群”(2020zyq63)的研究成果,是阜阳职业技术学院创建地方技能型高水平大学、提升内涵建设的实验成果。本书以任务驱动组织教学内容,设计由易到难、由简单到复杂的18个技能项目任务和2个综合实训项目任务,每个任务都按照任务介绍→任务实施→任务解析→任务小结→拓展提高→课后自测及相关实训的顺序编写,充分体现“做中学、学中做”的特点,课本知识为任务服务,任务完成后有知识和技能的系统总结。

本书包含20个任务,以Microsoft Access 2010数据库为基础,主要内容如下:

任务1介绍Web应用程序、.NET框架等概念及ASP.NET项目开发环境配置。

任务2介绍网页的相关知识、HTML标签、CSS等概念。

任务3介绍Label、TextBox、Image等常用控件的使用方法及Web服务器控件标准属性。

任务4介绍C#的背景、语法结构和面向对象的程序设计技术。

任务5介绍RadioButtonList、DropDownList、CheckBoxList、ListBox等列表控件的使用方法。

任务6、任务7、任务8、任务9和任务10介绍GridView控件和验证控件的运用,以及ADO.NET组件数据访问技术。

任务11、任务12和任务13介绍ASP.NET内置对象的运用方法。

任务14介绍母版、导航控件的设计与应用。

任务15介绍主题创建与运用。

任务16介绍文件的上传与下载的方法。

任务17介绍登录控件的使用。

任务18介绍SQL语言操作数据库的方法。

任务19结合Access数据库进行系统开发、打包、安装以及Web服务的配置。

任务20介绍三层架构实现用户信息管理的方法。

本书结构清晰,任务丰富,可作为高职计算机及相关专业课程教材,也可作为需要学习Web应用程序开发的读者的参考书。

本书任务1、任务2、任务3、任务4由宋丽萍编写,任务12、任务13、任务14、任务15由李为为编写,任务16、任务17、任务18、任务19由王玉琼编写,任务5、任务6、任务7、任务8由韦靖康编写,任务9、任务10、任务11、任务20由张俊峰编写,王玉琼、张俊峰和韦靖康负责课后习题及相关知识链接编写,张华、李为为和宋丽萍负责全书统稿。

由于编写时间仓促,书中难免存在疏漏之处,欢迎读者提出宝贵意见(E-mail:fyzyzh@126.com)。

编　者

2022年2月

目　　录

任务1　创建Web应用程序

1.1　任务描述

本任务使用Microsoft Visual Studio创建一个简单的Web窗体,显示"欢迎大家学习ASP.NET程序设计"的信息。如图1.1所示任务效果,单击"改变"按钮,欢迎信息的字体和字号发生改变;如图1.2所示任务效果,单击"恢复"按钮,欢迎信息的字体和字号又恢复到图1.1所示的状态。

图1.1　任务效果1

图1.2　任务效果2

1.2 操 作 步 骤

1.2.1 启动 Microsoft Visual Studio 应用程序

选择"开始"→"程序"→"Microsoft Visual Studio",打开应用程序主窗口。

1.2.2 创建网站

选择"文件"→"新建"→"项目",打开"新建项目"对话框,如图1.3所示,选择"ASP.NET Web 应用程序(.NET Framework)",单击"下一步",在"位置"下拉列表框中选择相应位置,再单击"创建",如图1.4所示,创建项目名称为 ch01 的 ASP.NET Web 应用程序(.NET Framework)。接下来,选择"空",如图1.5所示,单击"创建",创建空的 ASP.NET Web 应用程序(.NET Framework)。

图1.3 新建ASP.NET Web应用程序(.NET Framework)

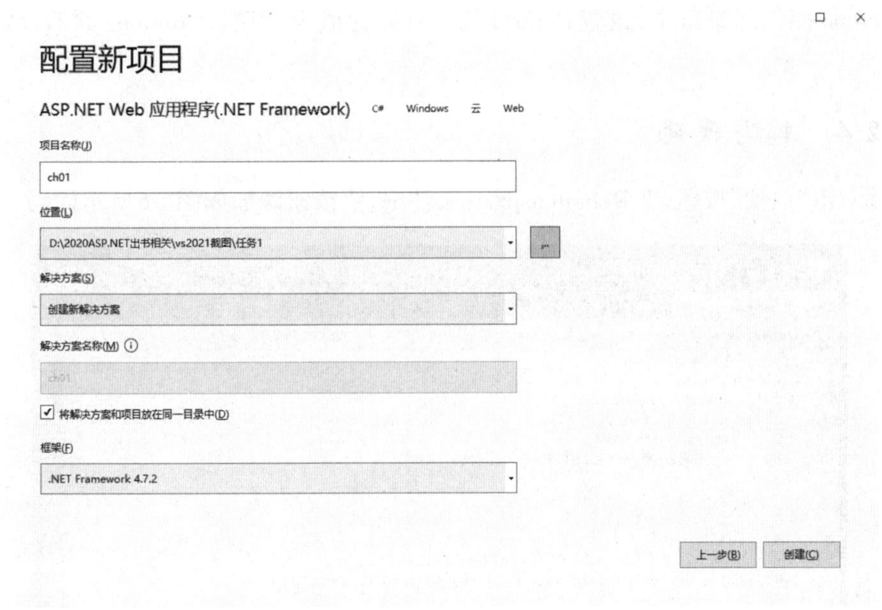

图 1.4 创建项目 ch01

图 1.5 创建空 ASP.NET Web 应用程序（.NET Framework）

1.2.3 设计窗体

点击站点根目录,选择添加新项,添加 Web 窗体、Default.aspx 窗体,单击 Default.aspx 窗体"设计"按钮,进入网页"设计"视图窗口。拖动"工具箱"中的 Label 控件到窗口,设置 Label1 的 Text 属性值为:"欢迎大家学习 ASP.NET 程序设计",字体为"隶书",字号为20,再拖动 2 个 Button 控件到窗口中，设置 Button1 的 Text 属性值为"改变"，Button2 的 Text 属性值为"恢复"。

1.2.4 编写代码

鼠标双击"改变"按钮，在 Default.aspx.cs 文件中，给按钮添加如图 1.6 所示代码。

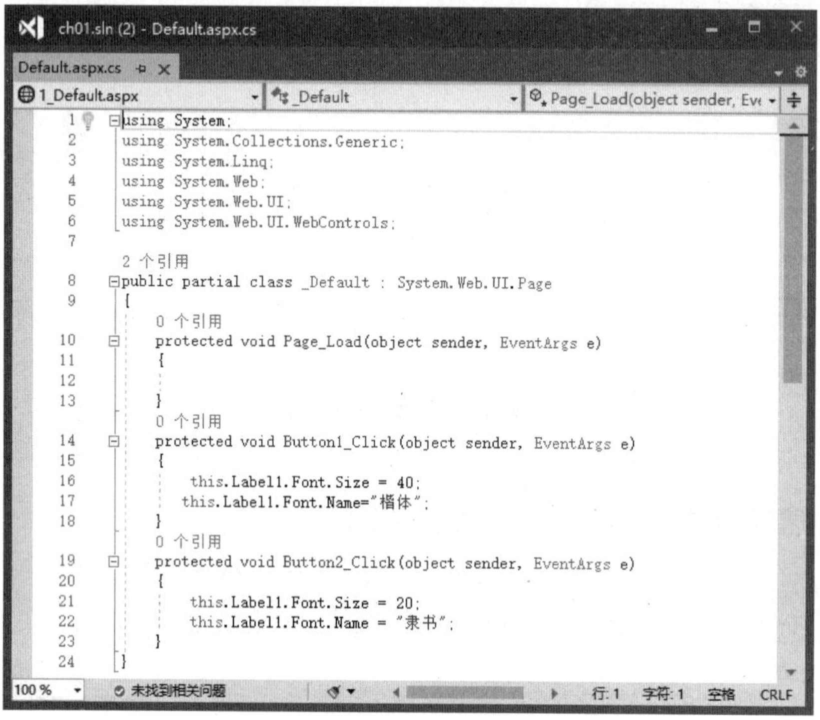

图1.6　Web应用程序的后台代码

1.2.5 运行应用程序

单击工具栏的"启动调试"按钮，或者按 F5 键调试应用程序，生成网站如图 1.1 所示效果。

1.3　知　识　链　接

1.3.1 Web 应用程序概念

Web 应用程序是一种通过互联网让 Web 浏览器和服务器通信的计算机程序。运行 Web 程序所需要的最基本组成部分有：网页、Web 服务器、客户端浏览器以及在客户端和 Web 服务端提供通信的 HTTP 协议。采用 B/S 计算模式开发的应用程序，我们一般称为 Web 应用程序。

（1）网页。网页是指可以在互联网上进行信息查询的信息页，通常以文字、图片、动画、音乐等形式体现。

（2）Web服务器。Web服务器是一种连接在互联网上的计算机软件。它负责处理Web浏览器提交的文本请求，用来存放我们编写好的网页并监听端口。当Web浏览器连到服务器上并请求文件时，服务器将处理该请求并将文件反馈到浏览器上。

（3）HTTP协议。HTTP即超文本传输协议，是互联网上应用最为广泛的网络协议，是客户端和服务器端请求和应答的标准。该协议描述了Client和Server之间请求和响应的过程。Client在本地主机向运行于远程主机上的Server请求连接，连接成功之后通过GET来访问Server端对象(可以是普通网页，也可以是通过CGI或ISAPI生成的动态页面)。Server端在连接终止时，会将请求的对象或错误消息返回给Client，结束响应过程。

1.3.2 Web应用程序的工作原理

Web应用程序是一种可以通过Web访问的应用程序。它的工作原理是先把编写好的网页存在服务器上，服务器监听到发送过来的HTTP请求，和客户端建立一个连接，接收客户端的请求之后，把用户需要的内容封装成HTTP请求发送给客户端，然后就断开与客户端的连接，之后客户端的浏览器解析HTML，显示网页内容，如图1.7所示。

HTTP协议

Web浏览器   Web服务器

图1.7 Web应用程序的工作原理

1.3.3 C/S模式和B/S模式

客户机/服务器(Client/Server)模式是一种软件系统体系结构，简称C/S模式，是由美国Borland公司研发的。C/S结构的关键在于功能的分布，一些功能放在前端机(即客户端)上执行，另一些功能放在后端机(即服务端)上执行。功能的分布在于降低系统的通信开销，减少计算机系统的各种瓶颈问题。C/S结构的基本原则是将计算机应用任务分解成多个子任务，由多台计算机分工完成，即采用"功能分布"原则。客户端完成数据处理、数据表示和用户接口功能。服务器端完成数据库管理系统(DBMS)的核心功能。

B/S模式是Web兴起后的一种网络结构模式，是对C/S模式的一种改进，Web浏览器是客户端最主要的应用软件。这种模式统一了客户端，将系统功能实现的核心部分集中到服务器上，简化系统的开发、维护和使用。客户机上只要安装一个浏览器(Browser)，例如Chrome、Safari和Internet Explorer等，服务器安装SQL Server、Oracle、MYSQL等数据库。浏览器通过Web Server同数据库进行数据交互。

1.3.4 NET框架

.NET框架(.NET Framework)是一个由微软开发的，致力于敏捷软件开发(Agile Software-development)、快速应用开发(Rapid Application Development)、平台无关性和网络透明化的

软件开发平台。.NET是微软面向未来服务器和桌面型软件工程迈出的第一步。.NET包含许多有助于互联网和内部网应用迅捷开发的技术。

.NET框架是一个多语言组件开发和执行环境,提供了一个跨语言的统一编程环境。.NET框架的目的是便于开发人员更容易建立Web应用程序和Web服务,使得互联网上的各应用程序之间可以使用Web服务进行沟通。从层次结构来看,.NET框架包括三个主要组成部分:公共语言运行时(Common Language Runtime,CLR)、服务框架(Services Framework)和上层的两类应用模板——传统的Windows应用程序模板(Win Forms)和基于ASP.NET的面向Web的网络应用程序模板(Web Forms和Web Services),如图1.8所示。

公共语言运行时(CLR)是一个运行时环境,管理代码的执行并使开发过程变得更加简单。CLR是一种受控的执行环境,其功能通过编译器与其他工具共同展现。

在CLR之上的是服务框架,它提供了一套开发人员希望在标准语言库中存在的基类库,包括集合、输入/输出、字符串及数据类。

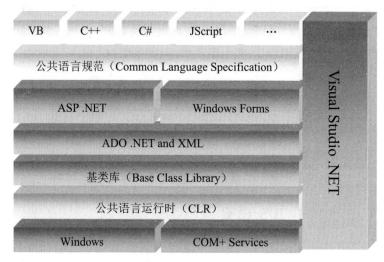

图1.8　.NET框架

1.3.5　ASP.NET和.NET框架的关系

ASP.NET是微软在.NET平台下的动态网页开发技术。它是.NET框架的组成部分之一。

1.3.6　ASP.NET和ASP的关系

ASP.NET和ASP都是微软开发的动态网页开发技术。ASP文件就是在普通的HTML文件中嵌入VBScript或JavaScript脚本语言程序,其文件的后缀是.asp。当客户请求一个ASP文件时,服务器端就会运行ASP文件中的脚本代码,并转化为标准的HTML文件,然后发送到客户端。ASP的缺点主要是不能跨平台,一般只能在Windows系列的操作系统上运行。

ASP.NET是对ASP的继承,例如Request、Response、Application、Session、Server等对象依然存在。但ASP.NET并不是对ASP的简单升级,而是微软发展的新的体系结构.NET的一部分。ASP.NET完全是一个新的体系,是一个由类和对象(组件)组成的完全面向对象的系统,它更加安全、更加容易配置和部署。

1.3.7 Microsoft Visual Studio 2010 的作用以及它和 .NET 框架的关系

Microsoft Visual Studio 2010 是微软公司发布的一个集成开发工具,主要用来开发 .NET 平台的各种应用。它是一套完整的开发工具集,用于生成 ASP.NET Web 应用程序、XML Web Services、桌面应用程序和移动应用程序。它是 .NET 框架的组成部分。

习 题

1. 选择题

(1) 目前在 Internet 上应用最为广泛的服务是( )。

    A. FTP 服务   B. WWW 服务

    C. Telnet 服务   D. Gopher 服务

(2) .Net Framework 的核心组件是( )。

    A. ASP.NET   B. ADO.NET

    C. COM+   D. 公共语言运行库和 .NET Framework 基础类库

(3) 下列选项中,只有( )是错误的。

    A. ASP.NET 提供了多种语言支持

    B. ASP.NET 提供了多种平台支持

    C. ASP.NET 提供跨平台支持,也可以在 Unix 下执行

    D. ASP.NET 采取编译执行的方式,极大地提高了运行的性能

(4) 下列选项中,( )是 .NET 应用的基础。

    A. 公共语言运行类   B. 虚拟机

    C. 基类库   D. 类库

(5) 下列选项中,( )是错误的。

    A. 所有的 VS.NET 语言都共享相同的集成开发环境

    B. VS.NET 允许创建不同类型的应用程序

    C. VS.NET 依赖 XML 并通过 Web 保存、发送和接收数据

    D. 以上都不对

(6) 下列选项中,只有( )不是公共语言运行时提供的服务。

    A. 公共类型系统   B. 公共语言规范

    C. .NET Framework 类库   D. 垃圾回收器

(7) 互联网上使用的最重要的协议是( )。

    A. TCP 和 Telnet   B. TCP/IP

    C. TCP 和 SMTP   D. IP 和 Telnet

（8）在设计 Web 窗体时，为了避免 Web 服务器返回给用户的 HTML 代码出现与浏览器不兼容的问题，最好选择(　　)。

　　　A. 只使用 HTML 控件　　　　　　B. 只使用 HTML 服务器控件

　　　C. 使用 Web 服务器控件　　　　　D. 以上都不对

（9）以下所示的文件名后缀中只有(　　)不是静态网页的后缀。

　　　A. .html　　　　B. .shtml　　　　C. .htm　　　　D. .aspx

（10）下列文件名后缀中，只有(　　)不是动态网页的后缀。

　　　A. .jsp　　　　B. .xml　　　　C. .aspx　　　　D. .php

2. 操作题

（1）安装 Visual Studio .NET 2010 并配置项目开发环境。

（2）完成本任务的设计与开发。

任务2　实现图书借阅管理系统网站结构

2.1　任务描述

该任务设计实现图书借阅管理系统网站结构,通过对图书借阅管理工作的了解,"图书借阅管理系统"网站由"留言板""通知""图书借阅"三个模块构成。网站使用用户可分为管理员和读者。通过该网站,管理员能够实现对网站留言的回复与删除;网站通知的发布、删除和修改;图书信息的增加、删除和修改以及图书的借阅与归还;信息的查询;读者的增加、删除和修改等操作。读者能够实现发表留言信息、查看通知、查阅图书信息、查阅本人借阅信息以及修改读者个人信息等操作。运行效果如图2.1、图2.2和图2.3所示。

图2.1　用户登录注册页面

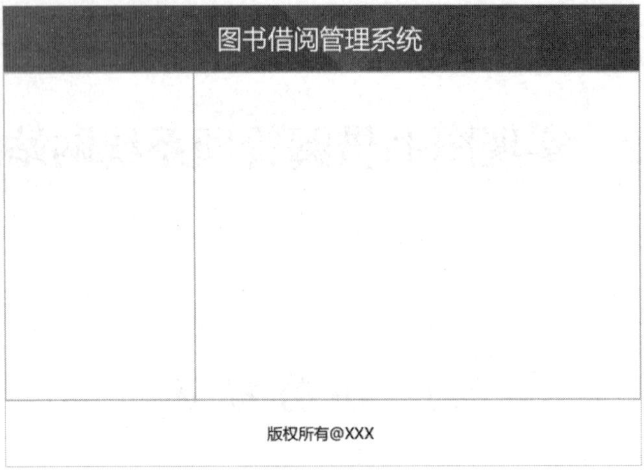

图2.2 图书借阅管理系统页面

图2.3 留言页面

2.2 操作步骤

2.2.1 规划"图书借阅管理系统"网站结构

根据"图书借阅管理系统"网站的需求分析结果以及网站所需图片、样式表、数据库文件、类文件等资源的分类要求,最后确定网站目录结构。

2.2.2 应用Visual Studio实现网站规划结构

选择"文件"→"新建"→"项目",打开"新建项目"对话框,选择"ASP.NET Web应用程序(.NET Framework)",单击下一步,在"位置"下拉列表框中选择相应位置,创建项目名称为ch02的ASP.NET Web应用程序(.NET Framework),选择"空",单击"创建",创建空的ASP.NET Web应用程序(.NET Framework)。

Visual Studio通过创建不同的文件夹,实现网站结构规划。

（1）添加自定义文件夹。在"解决方案资源管理器"面板中,鼠标右键单击站点根目录,在弹出的快捷菜单中选择"新建文件夹",并修改文件夹名称为"img",即可完成自定义文件夹"img"的添加。同理,创建文件夹"res_stylesheet",用于存放相关的样式表文件。

（2）实现用户注册登录页面。 右击站点根目录,选择→"添加"→"添加新项",添加Web窗体"login.aspx"窗体。在"login.aspx"文件内添加如下代码:

```
<html xmlns="http://www.w3.org/1999/xhtml">
<head runat="server">
    <title></title>
    <style>
        #form1
        {width:600px;
         height:500px;
         margin:0 auto;
         padding:êo10px;
         border:solid 1px blue;
         font-size:20px;
           }
          #header
          {
              width:600px;
              height:50px;
              margin:0 auto;
              padding-top:30px;
              text-align:center;
              font-size:36px;
              font-weight:bold;
              margin-bottom:30px;}
          #container{
                  width:600px;
                  height:300px;
                  margin:0 auto;
                  padding:10px;
                  padding-left:100px;
                  }
              #userInfo{
                  width:590px;
```

```
                height:200px;
                float:left;
        }
        #userInfo ul{
                margin:0px;
                padding:0px;
                          }
        #userInfo li{
        list-style-type:none;
        }
        #userbutton{
                margin:0 auto;
                width:500px;
                height:50px;
        }
        #Button1
        {
            width:150px;
            height:40px;
            font-size:20px;
            }
        #Button2
        {
            width:150px;
            height:40px;
            font-size:20px;
            }
    </style>
</head>
<body>
    <form id="form1" runat="server">
    <div id="header">用户登录页面</div>
    <div id="container">
    <div id="userInfo">
    <ul>
        <li>
        <asp:Label id="lblUserName" runat="server" text="用户名"></asp:label>
```

```
                <asp:TextBox id="txtUserName" runat="server" width="300px" Height="40px">
</asp:TextBox>
                <asp:RequiredFieldValidator ID="valrName" runat="server" ControlToValidate=
"txtUserName" ErrorMessage="不能为空"></asp:RequiredFieldValidator>
                </li>
                    <li style="padding-top:10px;">
                <asp:Label id="lblUserPwd" runat="server" text="密码¹   码?:
"></asp:label>
                <asp:TextBox id="txtUserPwd" runat="server" TextMode="password" width=
"300px" Height="40px"></asp:TextBox>
                <asp:RequiredFieldValidator ID="valrPwd" runat="server" ControlToValidate=
"txtUserPwd" ErrorMessage="不能为空"></asp:RequiredFieldValidator>
                </li>
                <li style="padding-top:10px;">
                <asp:Label id="lblRole" runat="server" text="角色"></asp:label>
                <asp:DropDownList id="ddlRole" runat="server" width="300px" Height="40px">
</asp:DropDownList>
                                        </li>
                </ul>
        </div>
                <div id="userbutton">
                <asp:Button ID="Button1" runat="server" Text="注册" /> <asp:Button ID=
"Button2" runat="server" Text="登录" />
                </div>
        </div>
        </form>
    </body>
    </html>
```

2.2.3　实现"图书借阅管理系统"页面设计

1. 创建"图书借阅管理系统页面,实现页面设计

在站点根目录下创建 "indexAdmin.aspx"窗体。"indexAdmin.aspx"源代码如下:

```
<html xmlns="http://www.w3.org/1999/xhtml">
<head runat="server">
    <title></title>
    <link rel="Stylesheet" href="res_styleSheet/StyleSheet.css" />
</head>
```

```
<body>
    <form id="form1" runat="server">
    <header图书借阅管理系统</header>
        <div id="container">
            <aside></aside>
            <section></section>
        </div>
        <footer>版权所有@XXX</footer>
    </form>
</body>
</html>
```

2. 创建"管理员主页"样式表

按照如图 2.4 所示的方法，在"res_styleSheet"文件夹中单击右键，添加一个名为"stylesheet.css"的样式表文件。在"stylesheet.css"文件内添加如下代码：

```css
header{
    width:1000px;
    height:100px;
    margin:0 auto;
    border:solid 1px #ccc;
    background-image:url(../img/loginpic2.png);
    text-align:center;
    font-size:40px;
    color:White;
    line-height:100px;
    }
#container{
    width:1000px;
    height:500px;
    margin:0 auto;
    border:solid 1px #ccc;
}
footer{
    width:1000px;
    height:100px;
    margin:0 auto;
    border:solid 1px #ccc;
    text-align:center;
```

```
        font-size:24px;
        line-height:100px;
        }
aside{
    width:300px;
    height:498px;
    float:left;
    border:solid 1px #CCCCCC;
}
section{
    width:696px;
    height:498px;
    float:left;
    border:solid 1px #CCCCCC;
}
```

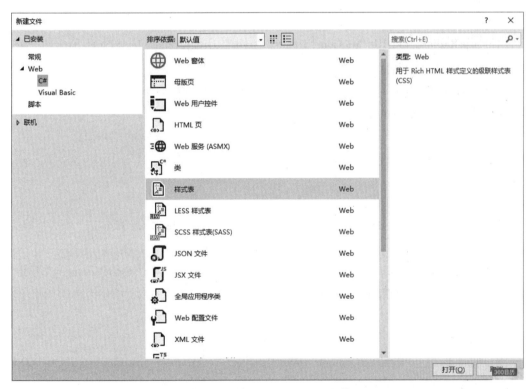

图2.4　添加stylesheet.css文件

2.2.4　实现留言页页面设计

1. 创建留言页,实现页面设计

在站点根目录下创建一名为"message.aspx"的网页。在"message.aspx"文件内添加如下代码：

```
<html xmlns="http://www.w3.org/1999/xhtml">
<head runat="server">
    <title></title>
    <link rel="stylesheet" href="res_styleSheet/message.css" />
</head>
<body>
    <form id="form1" runat="server">
    <div id="container">
    <div id="header1">用户留言</div>
    <div id="header2">
        当前用户<asp:Label ID="lblUser" runat="server" Text="XXX"></asp:Label>
    </div>
    <div id="part">
    <ul>
    <li>留言板
    <asp:RadioButton ID="rdoCom" runat="server"  GroupName="msgType" Text="一般/>
    
        <asp:RadioButton ID="rdoAsk" runat="server"  GroupName="msgType" Text="询问
"/>    
          <asp:RadioButton ID="rdoUrgent" runat="server"  GroupName="msgType" Text="紧
急"/>
    </li>
     <li>留言标题
          <asp:TextBox ID="txtTitle" runat="server" Width="600px" Height="40px"></asp:
TextBox>
          <asp:RequiredFieldValidator ID="valrTitle" runat="server" ErrorMessage="不能为
空" ControltoValidate="txtTitle" ></asp:RequiredFieldValidator>
     </li>
     <li>留言内容
     <asp:TextBox ID="TxtContent" runat="server" TextMode="MultiLine" Width="600px"
Height="200px"></asp:TextBox>
          <asp:RequiredFieldValidator ID="valrContent" runat="server" ErrorMessage="不能
为空" ControltoValidate="txtContent"></asp:RequiredFieldValidator>
     </li>
          <li style="padding-left:200px"><asp:Button ID="btnSubmit" runat="server" Text="添
加" Width="150px" />    
```

```
    <asp:Button ID="btnReset" runat="server" Text="重置" Width="150px" />
      </li>
      </ul>
      </div>
      </div>
      </form>
  </body>
  </html>
```

2. 创建留言页样式表

在"res_styleSheet"文件夹中添加一个名为"message.css"的样式表文件。在"message.css"文件内添加如下代码：

```css
#container
{
    width:800px;
    height:500px;
    margin:0 auto;
    border:solid 1px #ccc;}
 #header1
 {
    width:260px;
    height:40px;
    float:left;
    border-bottom:solid 1px #ccc;
    text-align:left;
    font-size:32px;
    padding:20px;

}
 #header2
 {
    width:460px;
    height:40px;
    float:left;
    border-bottom:solid 1px #ccc;
    text-align:right;
    font-size:16px;
    padding:20px;
```

```
    }
    #part
    {
        width:780px;
        height:360px;
        padding:10px;
        clear:both;
        font-size:20px;
        }
    #part ul
    {
        margin:0;
        padding:0;
    }
    #part li
    {
        margin:0px;
        padding:2px 0px;
        list-style-type:none;}
#btnSubmit
    {
        width:200px;
        height:40px;
        font-size:20px;
    }
    #btnReset
    {
        width:200px;
        height:40px;
        font-size:20px;
    }
```

2.2.5　运行程序

分别运行login.aspx、indexAdmin.aspx、message.aspx，效果如图2.1、图2.2、图2.3所示。

2.3 知 识 链 接

2.3.1 HTML 介绍

HTML指的是超文本标记语言(Hyper Text Markup Language)。它不是一种编程语言,而是一种标记语言(Markup Language)。标记语言由一套标记标签(Markup Tag)构成,并使用标记标签来描述网页。

ASP.NET网页界面代码由HTML标签、服务器控件标签及HTML控件标签等构成。

1. ASP.NET 网页界面代码介绍

如图2.5所示,显示的是名为"Default"空白网页的界面代码。该网页所用的HTML标签及其作用介绍如表2.1所示。

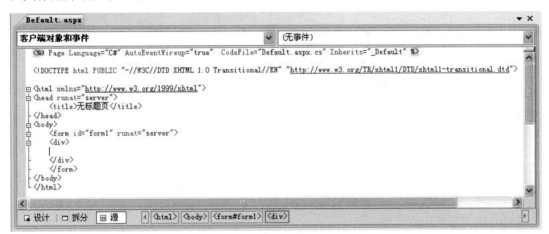

图2.5 "Default"空白网页的界面代码

表2.1 HTML标签

标签名称	作　用
html	告知浏览器这是一个HTML文档
head	用于定义HTML文档的头部,它是所有头部元素的容器。<head>中的元素功能有引用脚本、指示浏览器在哪里找到样式表、提供元信息等
body	定义HTML文档的主体
title	定义HTML文档的标题
div	定义HTML文档中的分区或节,又称为层,网页中层可以有多个,也可以嵌套,服务器控件最好能放置在其中

2. HTML 常用标签

在HTML的基本结构中,用<和>括起来的叫作标签,常见的有:

双标签。双标签由开始标签和结束标签两部分组成,必须成对使用,如<div>和</div>。

单标签。某些标签单独使用就可以完整地表达意思,这种标签就叫作单标签,如换行标签
,在HTML中,单标签没有结束标签,但在XHTML中,单标记必须被正确地关闭,换行标签写作
。

（1）列表标签。<ul>标签定义无序列表,<ol>标签定义有序列表,<li>标签定义列表项目。<ul>的type属性定义图形符号的样式,属性值为disc、square、circle、none等,<ol>的type属性定义图形符号的样式,属性值为1(数字)、A(大写字母)、Ⅰ(大写罗马数字)、a(小写字母)、i(小写罗马数字)等,但由于实际使用并不美观,因此通常用CSS指定前缀样式。通常应用DIV+CSS技术实现网页布局时都会用到这两个标签。无序列表标签示例代码及其显示效果如图2.6所示。

```
<html>
    <body>
        一个无序列表:
        <ul>
            <li>苹果</li>
            <li>香蕉</li>
            <li>西瓜</li>
        </ul>
    </body>
</html>
```

一个无序列表:

- 苹果
- 香蕉
- 西瓜

图2.6 无序列表标签示例代码及其显示效果

（2）图像标签。在HTML中,图像是由<img>元素定义的,用于向网页中嵌入一幅图像,<img>元素是空元素标签,在实际开发中,最好写成<img />。

<img>元素的基本结构如下:

<img src="图片的URL" alt="图像的替代文本" />

图片的URL指存储图像的位置,可以是相对路径,也可以是绝对路径。

<img>元素还有以下一些属性可以使用:

Height:设置图片的高度。

Width:设置图片的宽度。

（3）DIV标签。<div>可定义文档中的分区是节还是层。可以把文档分割为独立的、不同的部分。如果用id或class来标记<div>,那么该标签的作用会变得更加有效。

说明:

① <div>是一个块级元素。默认情况下,每个<div>开始于一个新行。实际上,换行是<div>固有的唯一格式表现。

② 可以对同一个<div>元素应用class或id属性,但是更常见的情况是只应用其中一种。这两者的主要差异是,class用于元素组(类似的元素,或者可以理解为某一类元素),而id用于标识单独且唯一的元素。

2.3.2 CSS 介绍

CSS(Cascading Style Sheets)是指级联样式表或层叠样式表,以下简称样式表。其作用是定义如何显示HTML元素。如果多个页面具有相同的样式,应用样式表会极大地提高工作效率。

1. CSS语法

CSS规则由两个主要的部分构成:选择器和一条或多条声明。例如:

selector {declaration1; declaration2; ...; declarationN }

(1) 选择器(selector)。它通常是需要改变样式的HTML元素。

(2) 声明(declaration1;)。它由一个属性和一个值组成。例如:

selector {property: value;}

属性(property)是希望设置的样式属性。每个属性有一个值。属性和值用冒号分开。

样式在实际编写过程中,需要注意以下两点:

(1) 一般来说,一行定义一条样式,每条声明末尾都需要加上分号。

(2) CSS对大小写不敏感,但在实际编写中,推荐属性名和属性值皆用小写。

2. CSS选择器

(1) 元素选择器:元素选择器是最简单的选择器,选择器通常是某个HTML元素,如P、h1、a、body等,示例如下:

Body{background-color:blue;}

这行代码的作用是将网页的背景颜色定义为蓝色。

(2) id选择器:id选择器可以为标有特定id的HTML元素指定特定的样式。id选择器以"#"来定义。示例如下:

#red {color:red;}　　　　　/*定义元素的颜色为红色*/

#green {color:green;}　　　　/*定义元素的颜色为绿色*/

下面的HTML代码中,id属性为red的p元素显示为红色,而id属性为green的p元素显示为绿色。

<p id="red">这个段落是红色。</p>

<p id="green">这个段落是绿色。</p>

常用示例:

"#content {}":是对id值为"content"的层,即<div id="content"></div>标签设置样式。

"#content ul {}":是对id值为"content"的层,即<div id="content"></div>标签内的<ul></ul>标签设置样式。

"#content li {}":是对id值为"content"的层,即<div id="content"></div>标签内的<li></li>标签设置样式。

注意:

id属性只能在每个HTML文档中出现一次。

id值必须以字母或者下划线开始,不能以数字开始。

(3) 类选择器。类选择器可以为指定class的HTML元素指定样式,在CSS中,类选择器以一个点号显示,例如:

.center {text-align: center}

在上面的例子中,所有拥有center类的HTML元素均为居中。

在下面的 HTML 代码中，h1 和 p 元素都有 center 类。这意味着两者都将遵守".center"选择器中的规则。

```
<h1 class="center">
This heading will be center-aligned
</h1>
<p class="center">
This paragraph will also be center-aligned.
</p>
```

注意：类名的第一个字符不能使用数字。

3. CSS 样式的使用方式

（1）外部样式表

当样式需要应用于很多页面时，外部样式表将是理想的选择。在使用外部样式表的情况下，你可以通过改变一个文件来改变整个站点的外观。每个页面使用<link>标签链接到样式表。<link>标签在（文档的）头部，其中"href"属性值为样式表存放路径及样式表文件名，示例代码如下：

```
<head>
<link rel="stylesheet" type="text/css" href="mystyle.css" />
</head>
```

浏览器会从文件 mystyle.css 中读到样式声明，并根据它来格式化文档。

外部样式表可以在任何文本编辑器中进行编辑。文件不能包含任何 html 标签。样式表应该以".css"扩展名进行保存。下面是一个样式表文件的例子。

```
hr {color: sienna;}
p {margin-left: 20px;}
body {background-image: url("images/back40.gif");}
#green {color:green;}
.center {text-align: center}
```

（2）内部样式表

当单个文档需要特殊的样式时，就应该使用内部样式表。你可以使用<style>标签在文档头部定义内部样式表，示例代码如下：

```
<head>
<style type="text/css">
  hr {color: sienna;}
  p {margin-left:20px;}
  body {background-image: url("images/back40.gif");}
</style>
</head>
```

（3）内联样式

由于要将样式和内容混合在一起，内联样式会损失掉样式表的许多优势。请慎用这种方法，例如当样式仅需要在一个元素上应用一次时，可以选择内联样式。

要使用内联样式，你需要在相关的标签内使用样式style属性。style属性可以包含任何CSS属性。下例展示如何改变段落的颜色和左外边距，示例代码如下：

<p style="color: sienna; margin-left: 20px">

This is a paragraph

</p>

说明：当同一个HTML元素被不止一个样式定义时，内联样式（在HTML元素内部）拥有最高的优先权，首先声明，其次是内部样式表（位于<head>标签内部）中的样式声明，然后是外部样式表中的样式声明。

2.3.3 CSS常用属性

1. 盒模型

盒模型指CSS布局中HTML中的每个元素在浏览器中的解析都可以被看作一个盒子，拥有盒子一样的外形和平面空间，规定了元素框处理元素内容、内边距、边框和外边距的方式，如图2.7所示，元素框的最内部分是实际的内容，直接包围内容的是内边距。内边距呈现了元素的背景。内边距的边缘是边框。边框以外是外边距，外边距默认是透明的，因此不会遮挡其后的任何元素。

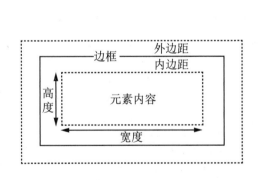
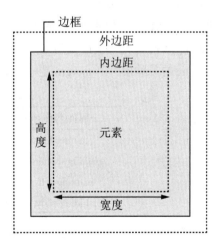

图2.7　盒模型

注意：在CSS中，width和height指的是内容区域的宽度和高度。增加内边距、边框和外边距不会影响内容区域的尺寸，但是会增加元素框的总尺寸。

2. margin属性

margin属性用于设置外边距，接受任何长度单位，可以是像素、英寸、毫米或em。

语法： margin-top / right / bottom / left: length;

每个块元素有上、右、下、左四个方位的外边距，可以分别用四种属性来声明，如表2.2

所示。

表2.2　margin属性

属性名称	解　　释
margin-top	设置元素的上外边距
margin-bottom	设置元素的下外边距
margin-left	设置元素的左外边距
margin-right	设置元素的右外边距

常用格式：

（1）.main{margin:10px 20px 10px 20px;}　这四个值分别设置类名为main的模块上、右、下、左四个方位外边距的值。

（2）.main{margin:10px 20px;}　这两个值分别设定类名为main的模块的上、下、左、右的外边距。

（3）.main{margin:10px 20px 10px;}　第一个值设定上外边距,第二个值设定左右外边距,第三个值设定下外边距。

（4）.main{margin:10px;}　如果就一个值的话,就设定了四个方向的外边距都为10px。

（5）.main{margin:20px auto;}　这样设值的意思是上下两个方位的外边距为20px,左右两个方位的外边距自动适应居中。

3. padding属性

padding属性定义元素的内边距。接受长度值或百分比值,但不允许使用负值。

语法: padding-top / left / bottom / right : length;

padding属性定义元素边框与元素内容之间的空白区域。

padding的几种属性和margin是一样的,如表2.3所示。

表2.3　padding属性

属性名称	解　　释
padding-top	设置元素的上边内边距
padding-bottom	设置元素的下边内边距
padding-left	设置元素的左边内边距
padding-right	设置元素的右边内边距

常用格式：

（1）p{padding:10px;}　设置p元素的上、下、左、右内边距均为10px。

（2）p{padding:10px 0px 15px 5px;}　设置p元素的上内边距为10px,右内边距为0px,下内边距为15px,左内边距为5px。

（3）p{padding-left:20px;}　设置p元素的左内边距为20px。

4. border属性

border属性定义CSS的边框。使用CSS边框的相关属性可以为HTML元素创建不同宽度、样式和颜色的边框。和CSS边框有关的属性如表2.4所示。

表2.4　CSS边框的相关属性

属性名称	解　　释
border-width	设置边框的宽度
border-style	设置边框的样式
border-color	设置边框的颜色
border	上述所有属性的综合简写方式

常用格式：

（1）p{border:5px solid red;}　设置p元素的上、下、左、右边框宽度5px、边框样式solid（实线）、边框颜色red。

（2）p{border-left:5px solid #ff0000;}　设置p元素的左边框宽度5px、左边框样式solid、左边框颜色为十六进制值。

5. background属性

background属性定义CSS的背景。CSS背景有关的属性如表2.5所示。

表2.5　CSS背景属性

属性名称	解　　释
background-color	设置背景颜色
background-image	设置背景图像
background-repeat	设置背景图像是否重复平铺
background-attachment	背景图像是否随页面滚动
background-position	放置背景图像的位置
background	上述所有属性的综合简写方式

常用格式：

（1）p{background-color: gray;}　设置p元素的背景为灰色。

（2）background-image:url('/i/eg_bg_03.gif')　设置元素的背景图像的存储路径及图像文件名。

background-repeat:no-repeat;　设置元素背景图像不平铺。

6. text属性

通过text属性，可以改变文本的颜色、对齐文本、装饰文本、对文本进行缩进等。和CSS文本有关的属性如表2.6所示。

表2.6　text属性

属性名称	解　　释
text-indent	设置文本缩进
text-align	设置文本对齐方式（左对齐、居中、右对齐）
text-decoration	设置文本装饰（下划线、删除线、上划线）
text-transform	设置文本大小写的转换
Letter-spacing	设置字间距

常用格式：

（1）p{font-size:14px;}　设置p元素文本字体为14px。

（2）p{font-weight: bold;}　设置p元素文本字体加粗。

7. font属性

font属性定义文本的字体系列、大小、加粗、风格（如斜体）等。和CSS字体有关的属性如表2.7所示。

表2.7　CSS字体有关属性

属性名称	解　释
font-family	设置字体系列
font-style	设置字体风格（正常、斜体、倾斜三种）
font-variant	设置字体变化（小型尺寸的大写字母等）
font-weight	设置字体粗细
font-size	设置字体尺寸
font	上述所有属性的综合简写方式

常用格式：

（1）p{font-size:14px;}　设置p元素文本字体为14px。

（2）p{font-weight: bold;}　设置p元素文本字体加粗。

8. 列表属性

CSS对于HTML列表元素的样式设置主要在于规定各项列表前面的标志（marker）类型：有序列表、无序列表和定义列表。其中有序列表默认的标记样式为标准阿拉伯数字（1，2，3，4，…），而无序列表默认的标记样式是实心圆点。与列表相关的属性如表2.8所示。

表2.8　与列表相关的属性

属性名称	解　释
list-style-type	设置列表标志类型
list-style-image	设置列表标志图标
list-style-position	设置列表标志位置
list-style	上述所有属性的综合简写方式

9. 浮动属性

浮动可以使元素脱离普通文档流，CSS定义浮动可以使块级元素向左或向右浮动，直到遇到边框、内边距、外边距或者另一个块级元素位置。浮动涉及的常用属性如表2.9所示。

表2.9　浮动涉及的常用属性

属性名称	解　释	属性值
Float	设置框是否需要浮动及浮动方向	Left/right/none
Clear	设置元素的哪一侧不允许出现其他浮动元素	Left/right/none/both
Display	设置元素如何显示	None/block/inline/inline-block
Overflow	设置内容溢出元素框时的处理方式	Visible/hidden/scroll/auto

习　题

1. 选择题

（1）下面(　　)不是动态网页制作技术。

    A. PHP

    B. JSP

    C. ASP.NET

    D. CSS

（2）CSS 指的是(　　)。

    A. computer style sheets

    B. cascading style sheets

    C. creative style sheets

    D. colorful style sheets

（3）在以下的 HTML 中,(　　)是正确引用外部样式表的方法。

    A. <style src="mystyle.css">

    B. <link rel="stylesheet" type="text/css" href="mystyle.css">

    C. <stylesheet>mystyle.css</stylesheet>

（4）下面哪个 CSS 属性可控制文本的尺寸?(　　)

    A. font-size

    B. text-style

    C. font-style

    D. text-size

（5）在以下的 CSS 中,可使所有<p>元素变为粗体的正确语法是(　　)。

    A. <p style="font-size:bold">

    B. <p style="text-size:bold">

    C. p {font-weight:bold}

    D. p {text-size:bold}

（6）下列选项中,(　　)不属于 CSS 文本属性。

    A. font-size

    B. text-transform

    C. text-align

    D. line-height

(7) CSS中优先级从大到小的排列顺序正确的是(　　)。

A. ！Important>行内样式>id>类>标签>通配符>继承>浏览器默认

B. ！Important>行内样式>类>id>标签>通配符>继承>浏览器默认

C. ！Important>行内样式>标签>id>类>通配符>继承>浏览器默认

D. 通配符>！Important>行内样式>id>类>标签>继承>浏览器默认

(8) 以下选项中元素显示方式转换正确的是(　　)。

A. display:block;

B. block;

C. inline;

D. display:block-inline

(9) 假设一个div的高度是30px,其中只有一行文本,设置行高为(　　)才能使文本垂直居中。

A. 0px　　　　　　B. 10px　　　　　　C. 15px　　　　　　D. 30px

(10) 盒模型中哪个区域可以使用负值?(　　)

A. 内容区　　　　B. 内边距　　　　C. 边框　　　　　D. 外边距

(11) 显示这样一个边框:上边框10像素、下边框5像素、左边框20像素、右边框1像素,应使用下面(　　)代码。

A. border-width:10px 5px 20px 1px

B. border-width:10px 20px 5px 1px

C. border-width:5px 20px 10px 1px

D. border-width:10px 1px 5px 20px

(12) 为h1标签设置样式:h1 {border-width:20px; border-right-width:40px;},则它的右边框显示的宽度是(　　)。

A. 20px　　　　　　B. 40px　　　　　　C. 0px　　　　　　D. 60px

(13) CSS中盒模型从内到外的顺序是(　　)。

A. content、border、padding、margin

B. content、margin、padding、border

C. content、padding、border、margin

D. margin、border、padding、content

(14) 下面哪一个是左浮动?(　　)

A. float:none　　B. float:left　　　C. float:right　　D. float:center

(15) 下面哪个不是浮动的特点?(　　)

A. 元素设置浮动不会实现模式转换　　　B. 浮动元素以顶部对齐

C. 可以让块级元素在一行显示　　　　　D. 设置浮动的元素不占原来的位置

2. 操作题

（1）完成本任务的设计与开发。

（2）创建如图2.8所示"用户登录"页面，要求"登录"按钮使用ImageButton控件实现。

图2.8 "用户登录"页面

任务3 设计计算器

3.1 任务描述

该任务设计一个计算器,实现两个数字的加、减、乘、除运算,在执行运算之前检验用户输入数据的合法性,运行效果如图3.1和图3.2所示。

图3.1 计算器

图3.2 验证数据的合法性

3.2　操作步骤

3.2.1　启动 Microsoft Visual Studio 应用程序

选择"开始"→"程序"→"Microsoft Visual Studio",打开应用程序主窗口。

3.2.2　创建网站

选择"文件"→"新建"→"项目",打开"新建项目"对话框,选择"ASP.NET Web 应用程序（.NET Framework）",单击下一步,在"位置"下拉列表框中选择相应位置,创建项目名称为"ch03"的 ASP.NET Web 应用程序（.NET Framework）,然后选择空,单击"创建",创建空的 ASP.NET Web 应用程序（.NET Framework）。

3.2.3　设计窗体

在站点根目录单击右键,选择创建添加新项目,添加 Web 窗体"Default.aspx"。选择"表"→"插入表格",插入 3 行 5 列表格,设置"插入表格"对话框如图 3.3 所示。合并表格中第 1 行单元格,拖入 Label 控件,命名为 lb_bt,第 2 行依次放入 Label 控件、TextBox 控件、DropDownList 控件、Button 控件和 Label 控件,分别命名为 tb_sz1、dp_fh、tb_sz2、bt1 和 lb_da,第 3 行第 1 列和第 3 列插入 CustomValidator 控件,分别命名为 CustomValidator1、CustomValidator2,控件属性设置如表 3.1 所示。

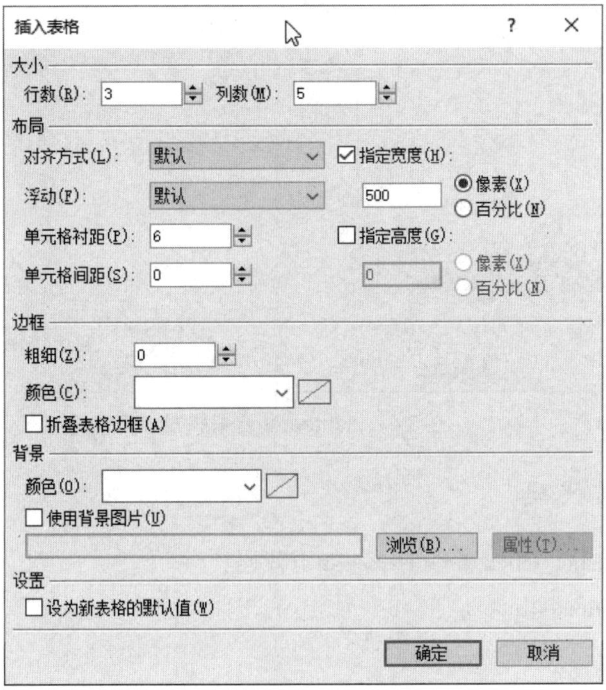

图 3.3　"插入表格"对话框

表3.1　控件属性设置

控件类型	控件名	属性名称	属性值
Label 控件	Lb_bt	Text	计算器
		Bold	True
		Size	XX-Large
	Lb_da	Text	空格
TextBox 控件	Tb_sz1	AutoPostBack	True
		CausesValidation	True
	Tb_sz2	AutoPostBack	True
		CausesValidation	True
DropDownList 控件	Dp_fh	Items	图3.4所示
Button 控件	Bt1	Size	Large
		Text	=
Label 控件	CustomValidator1	ControlToValidate	tb_sz1
		ErrorMessage	请输入数字！
		ForeColor	Red
	CustomValidator2	ControlToValidate	tb_sz2
		ErrorMessage	请输入数字！
		ForeColor	Red

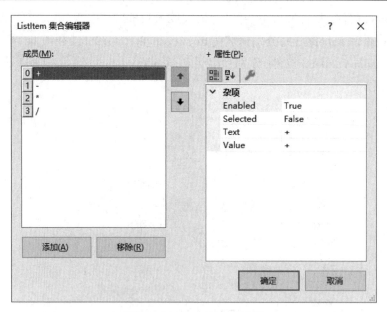

图3.4　ListItem 集合编辑器

3.2.4　编写代码

双击bt1按钮，在bt1_Click事件中添加如下代码：

```
int fh = dp_fh.SelectedIndex;
switch (fh)
{
```

```
    case 0:lb_da.Text = (Convert.ToInt32(tb_sz1.Text) + Convert.ToInt32(tb_sz2.Text)).ToString
(); break;
    case 1:lb_da.Text = (Convert.ToInt32(tb_sz1.Text) - Convert.ToInt32(tb_sz2.Text)).ToString
(); break;
    case 2:lb_da.Text = (Convert.ToInt32(tb_sz1.Text) * Convert.ToInt32(tb_sz2.Text)).ToString
(); break;
    case 3:lb_da.Text = (Convert.ToInt32(tb_sz1.Text) / Convert.ToInt32(tb_sz2.Text)).ToString
(); break;
    default:lb_da.Text = "你选择的符号不合法！"; break;
    }
```

3.2.5　数据验证

双击CustomValidator1在CustomValidator1_ServerValidate事件中输入如下代码：

```
try
    {
        int sz1 = Convert.ToInt32(tb_sz1.Text);
        args.IsValid = true;
    }
    catch
    {
        args.IsValid = false;
    }
```

双击CustomValidator2在CustomValidator2_ServerValidate事件中输入如下代码：

```
try
    {
        int sz2 = Convert.ToInt32(tb_sz2.Text);
        args.IsValid = true;
    }
    catch
    {
        args.IsValid = false;
    }
```

3.2.6　运行

单击工具栏启动调试按钮"▶"运行应用程序，得到图3.1所示效果。

3.3 知识链接

3.3.1 Web 服务器控件标准属性

Web 服务器控件常用属性如表 3.2 所示。

表 3.2 Web 服务器控件常用属性说明

属　　性	描　　述
ID	获取或设置控件的编程标识符
AccessKey	用于设置或返回用于访问某个控件的键盘按键(如 alt+f)
BackColor	控件的背景色
BorderColor	控件边框的颜色
BorderStyle	控件边框的样式
BorderWidth	控件边框的宽度
CssClass	应用于该控件的 CSS 类名
Enabled	用于启用或禁用控件
Font	控件的字体属性
EnableTheming	是否为控件启用主题
EnableViewState	控件是否保存其状态以用于往返过程
ForeColor	控件中文本的前景色
Height	控件的高度
SkinID	获取或设置要应用于控件的外观
TabIndex	向控件设置或返回控件的 tab 键控制次序
ToolTip	用于设置或返回当鼠标悬浮在一个控件上时所显示的文本
Width	获取或设置控件的宽度
Visible	获取或设置一个值,指示控件是否可见并被呈现出来

3.3.2 Label 控件

Label 控件用于在页面上显示文本,Label 控件属性如表 3.3 所示。

表 3.3 Label 控件属性说明

属　　性	描　　述
Text	获取或设置 Label 控件的文本内容
Bold	设置字体是否为粗体
Size	设置字体大小
AssociatedControlID	获取或设置 Label 控件关联的控件的标识符

3.3.3 TextBox 控件

TextBox 控件用于创建用户可输入文本的文本框,TextBox 控件属性如表 3.4 所示。

表3.4 TextBox控件属性说明

属　　　性	描　　　述
Text	TextBox的内容
AutoPostBack	布尔值,规定当内容改变时,是否回传到服务器。默认是 false
CausesValidation	规定当Postback发生时,是否验证页面
AutoCompleteType	客户端浏览器在自动完成中使用的输入内容类型
Columns	设置或获取文本框的显示宽度
MaxLength	获取或设置控件可输入的最大字符数
ReadOnly	用于指示是否可以更改控件中的内容
Rows	获取或设置多行文本框显示的行数,与TextMode联合使用
TextMode	设置文本框的行为模式(单行、多行或密码)
ValidationGroup	当控件导致回发时验证的控件组

3.3.4　Button 控件

Button 控件用于显示按钮。按钮可以是提交按钮或命令按钮。默认该控件是提交按钮。提交按钮没有命令名称,在它被单击时它会把网页传回服务器。另外,可以编写事件句柄来控制提交按钮被单击时执行的动作。命令按钮拥有命令名称,且允许在页面上创建多个按钮控件。Button控件属性如表3.5所示。

表3.5 Button控件属性说明

属　　　性	描　　　述
Click	当按钮被单击时所执行的函数的名称
Text	按钮上的文本
CommandArgument	获取或设置可选参数,该参数与关联的CommandName一起被传递到Command事件
CommandName	获取或设置命令名,该命令名与传递给 Command 事件的Button控件相关联
OnClientClick	获取或设置在引发某个Button控件的Click事件时所执行的客户端脚本
PostBackUrl	获取或设置单击Button控件时从当前页发送到的网页的 URL
UseSubmitBehavior	获取或设置一个布尔值,该值显示Button控件使用客户端浏览器的提交机制还是ASP.NET回发机制

3.3.5　args.IsValid

参数args包含要验证的用户输入。该事件处理程序在args.Value属性中接收用户的输入。args.IsValid获取一个值,该值指示触发事件的控件验证是否通过。如果输入有效,则代码会将 args.IsValid 设置为 true。如果 ServerValidate 事件的处理程序将 args.IsValid 设置为 false,则 CustomValidator控件将显示其ErrorMessage属性的文本。

3.3.6　Page 对象

Page对象用于操作整个页面。对象是由System.Web.UI命名空间中的Page类来实现的,Page类与扩展名为.aspx的文件相关联,这些文件在运行时被编译为Page对象,并缓存在服务器内存中。Page对象的常用属性、方法说明及事件说明如表3.6、表3.7和表3.8所示。

表3.6　Page对象属性说明

属　　性	描　　述
IsPostBack	获取一个逻辑值,表示该页是否正为响应客户端回发而加载,false表示该页首次加载和访问
IsValid	获取一个逻辑值,true表示页面通过验证
EnableViewState	获取或设置一个值,用来指示当前页请求结束时,是否保持其视图状态
Application	为当前Web请求获取Application对象
Request	获取请求的页的HttpRequest对象
Response	获取与Page关联的HttpResponse对象。该对象将HTTP响应数据发送到客户端,并包含有关该响应的信息
Session	获取ASP.NET提供的当前Session对象
Server	获取Server对象,它是HttpServerUtility类的实例
Validators	获取请求的页上包含的全部验证空间的集合

表3.7　Page对象常用方法说明

属　　性	描　　述
DataBind	将数据源绑定到被调用的服务器控件及所有子控件
Validate	指示页面中对所有验证控件进行验证

表3.8　Page对象常用事件说明

属　　性	描　　述
Init	当服务器控件初始化时发生,这是控件生存期的第一步
Load	当服务器控件加载到Page对象上触发的事件
Unload	当服务器控件从内存中卸载时发生

3.3.7　C#异常处理语句

异常是程序在运行过程中所发生的错误事件(如数组越界、文件操作时未找到文件、除法溢出等),而这些错误如果在设计时不能准确地识别出来就会造成错误事件发生或者不发生。C#的异常处理机制主要体现在"抛出异常"并"捕获异常"这两个层次。抛出异常就是当程序执行过程中产生异常时,运行系统将抛出异常类对象。捕获异常就是用户程序或运行系统可以捕获异常类对象。C#中的异常处理语句有:try-catch捕捉异常、try-finally清除异常、try-catch-finally处理所有异常和throw语句抛出异常。

1. try-catch语句

try-catch语句由一个try块和其后跟着一个或多个catch子句构成,这些子句指定不同的异常处理程序。try块放置可能产生异常的代码,catch块放置处理异常的代码。

例如:

```
try
    {
      int b = int.Parse("abc");
    }
```

```
catch (FormatException ex)
    {
      Console.WriteLine(ex.Message);
    }
```

2. try-finally 语句

try 语句块包含可能产生异常的代码,finally 中指定最终都要执行的子语句。利用这种组合可以实现无论 try 语句中是否产生异常,finally 中的语句都要执行,这样保证能完成异常的清理工作。

例如:

```
try
    {
      int b = int.Parse("abc");
    }
  finally
    {
      Console.WriteLine("执行结束");
    }
```

3. try-catch-finally 语句

try 语句块中包含可能产生异常的代码,catch 中指定对异常的处理,finally 中指定最终都要执行的子语句,它放在所有 catch 后,只能出现一次。try-catch-finally 处理所有的异常。利用这种组合可以实现当 try 语句中产生异常时先执行 catch 中的异常处理的代码,然后再执行 finally 中的语句。如果没有产生异常,那么也要执行 finally 中的语句。

例如:

```
try
    {
      int b = int.Parse("abc");
    }
  catch (FormatException ex)
    {
      Console.WriteLine(ex.Message);
    }
  finally
    {
      Console.WriteLine("执行结束");
    }
```

4. throw 语句

throw语句可以重新引发一个已捕获的异常,也可以引发一个预定义的或自定义的异常,还可被外围的try语句接收。throw引发的异常称为显示引发异常。

例如:

```
try
    {
        int b = int.Parse("abc");
        string str = null;
        if (str = null)
          {
            ArgumentException ex = new ArgumentNullException();
            throw ex;
          }
    }
catch (ArgumentException ex)
  {
        Console.WriteLine(ex.Message);
  }
finally
  {
        Console.WriteLine("执行结束");
  }
```

3.3.8 C#数据类型之间的转换

ToString方法,将其他数据类型的变量值转换为字符串类型。

ToString方法的使用格式为:变量名.ToString()。

例如:

int x=123;

String s=x.ToString(); //将整型变量x的值读出来,转换为字符串"123",然后赋值给s

System命名空间有一个用于将某个基本数据类型转换为另一个基本数据类型的Convert类。Convert类包含大量的可将数据转换为不同数据类型的方法,调用格式如下:

Convert.方法名(原数据变量);

其中:

"方法名"是要使用的转换方法。表3.9列出了Convert类转换数据类型的一些方法。

"原数据变量"是想要转换为新类型的数据变量。

表3.9　Convert类数据转换方法

方法名	描　述
ToBoolean	将指定的值转换为等效的布尔值
ToByte	将指定的值转换为8位无符号整数
ToChar	将指定的值转换为 Unicode 字符
ToDateTime	将指定的值转换为 DateTime
ToDecimal	将指定的值转换为 Decimal
ToDouble	将指定的值转换为双精度数
ToInt16	将指定的值转换为16位符号整数
ToInt32	将指定的值转换为32位符号整数
ToInt64	将指定的值转换为64位符号整数
ToSbyte	将指定的值转换为8位符号整数
ToSingle	将指定的值转换为单精度浮点数
ToString	将指定的值转换为字符串

习　题

1. 选择题

（1）ASP.NET框架中,服务器控件是为配合Web表单工作而专门设计的。服务器控件有两种类型,它们分别是(　　)。

  A. HTML 控件和标准 Web 控件   B. HTML 控件和 XML 控件

  C. XML 控件和标准 Web 控件   D. HTML 控件和 IIS 控件

（2）在设计Web窗体时,为了避免Web服务器返回给用户的HTML代码出现与浏览器不兼容的问题,最好选择(　　)。

  A. 只使用 HTML 控件   B. 只使用 HTML 服务器控件

  C. 使用 Web 服务器控件   D. 以上都不对

（3）下列关于C#异常处理的说法,错误的是(　　)。

  A. try 块必须和 catch 块组合使用,不能单独使用

  B. 一个 try 块可以跟随多个 catch 块

  C. 使用 throw 语句既可引发系统异常,也可以引发由开发人员创建的自定义异常

  D. 在 try-catch-finally 块中,即便开发人员编写强制逻辑代码,也不能跳出 finally
   块的执行

（4）用户自定义异常类需要从以下哪个类继承? (　　)

  A. Exception   B. CustomException

  C. ApplicationException   D. BaseException

（5）Web页面在载入的时候触发的事件是(　　)。

A. Page_Load   B. Click

C. Change   D. Page_Unload

（6）Web页面的文件扩展名是（   ）。

A. asx   B. aspx   C. ctl   D. ascx

（7）判断页面表单是否提交的Page对象的属性是（   ）。

A. IsValid   B. Databind   C. IsPostBack   D. Write

（8）Web页面在关闭的时候触发的事件是（   ）。

A. Page_Load   B. Click

C. Change   D. Page_Unload

2. 操作题

（1）完成本任务的设计与开发。

（2）数据绑定实现两个数的四则运算，如图3.5所示。

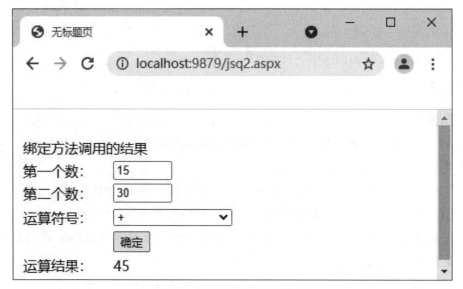

图3.5   数据绑定实现四则运算

任务4　创建C#应用程序

4.1　任务描述

　　该任务演示创建C#应用程序的一般过程。程序实现根据用户输入的数据，计算并输出圆、三角形和梯形的面积。运行结果如图4.1和图4.2所示。

图4.1　输入圆半径

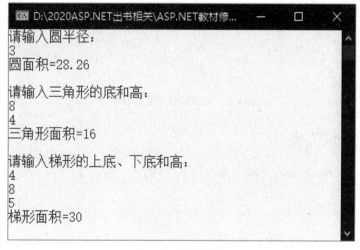

图4.2　运行结果

4.2 操作步骤

4.2.1 启动 Microsoft Visual Studio 应用程序

选择"开始"→"程序"→"Microsoft Visual Studio",打开应用程序主窗口。

4.2.2 创建控制台应用程序

选择"文件"→"新建"→"项目",打开"新建项目"对话框,选择"控制台应用程序",单击下一步,在"位置"下拉列表框中选择相应位置,创建项目名称为"ConsoleApplication",如图4.3所示,单击"下一步",然后单击"创建",创建控制台应用程序。

图4.3 新建控制台应用程序

4.2.3 输入代码

在ConsoleApplication命名空间中输入以下代码:

```
class Myclass
    {
        public float MyArea(float r)
        {return (r * r * 3.14f); }
        public float MyArea(float a, float h)
```

```
    { return (a * h * 0.5f); }
    public float MyArea(float a, float b, float h)
    { return ((a + b) * h * 0.5f); }
    public void Omyarea(float r)
    {
        Console.WriteLine("圆面积={0}", MyArea(r));
    }
    public void Omyarea(float a, float h)
    {
        Console.WriteLine("三角形面积={0}", MyArea(a, h));
    }
    public void Omyarea(float a, float b, float h)
    {
        Console.WriteLine("梯形面积={0}", MyArea(a, b, h));
    }
}
class Program
{
    static void Main(string[] args)
    {
        Myclass m = new Myclass();
        Console.WriteLine("请输入圆半径:");
        m.Omyarea(float.Parse(Console.ReadLine()));
        Console.WriteLine();
        Console.WriteLine("请输入三角形的底和高:");
        m.Omyarea(float.Parse(Console.ReadLine()), float.Parse(Console.ReadLine()));
        Console.WriteLine();
        Console.WriteLine("请输入梯形的上底、下底和高:");
        m.Omyarea(float.Parse(Console.ReadLine()), float.Parse(Console.ReadLine()), float.
Parse(Console.ReadLine()));
        Console.ReadLine();
    }
}
```

4.2.4 运行C#应用程序

单击工具栏的启动调试按钮 ▶ ,运行应用程序,弹出如图4.1所示窗口,根据提示输入相关数据,显示如图4.2所示结果。

4.3 知 识 链 接

4.3.1 C#概述

C#是微软公司在2000年6月发布的一种全新的简单、安全、由C和C++衍生出来的面向对象的程序设计语言。

4.3.2 命名空间

命名空间是用来组织和重用代码的编译单元。就像在文件系统中用一个文件夹容纳多个文件一样,可以看作某些类的一个容器。通过把类放入命名空间可以把相关的类组织起来,并且可以避免命名冲突。命名空间既用于程序的"内部"组织系统,也用于"外部"组织系统(一种向其他程序公开自己拥有的程序元素的方法)。命名空间可以包含其他的命名空间。这种划分方法的优点类似于文件夹。与文件夹不同的是,命名空间只是一种逻辑上的划分,而不是物理上的存储分类。命名空间(或叫名称空间)内包含了一组可以被C#程序调用的代码。有了"using System;"这个声明,就表明程序可以引用该"System"命名空间内的代码,而无需在每个引用的前面加上"System"。常用命名空间说明如表4.1所示。

表4.1 常用命名空间说明

命名空间	说 明
System	包含常用的数据类型、事件和事件处理程序、接口、属性、输入输出和异常处理等
System.IO	管理对文件和流的同步和异步访问
System.Data	提供对标识ADO.NET结构的类的访问,处理数据存取和管理
System.Web	提供为浏览器与服务器通信的类和接口
System.Drawing	处理图形和绘图,包括打印
System.Windows	处理基于窗体的窗口的创建
System.Web.UI	提供在Web应用程序中创建用户界面元素和Web窗体的类和接口
System.Web.UI.WebControls	包含创建运行在服务器上的Web服务器控件
System.Web.UI.HtmlControls	包含创建运行在服务器上的HTML服务器控件
System.Configuration	包含用于以编程方式访问.NET Framework配置设置并处理配置文件中错误的类
System.Web.Security	包含用于在Web应用程序中实现ASP.NET安全性的类

1. 命名空间的定义

namespace关键字用于声明一个命名空间。格式如下:

```
namespace  name[.name1] ...] {
   类型声明
}
```

其中name,name1为命名空间名,可以是任何合法的标识符。命名空间名可以包含句点。

例如:

```
namespace N1.N2
{
    class A{}
    class B{}
}
```

2. 命名空间的使用

使用using指令能够引用给定的命名空间或创建命名空间的别名(using 别名)。格式如下:

using [别名 =]类或命名空间名;

下面的示例展示了如何为类定义 using 指令和 using 别名。

```
using System;                              //using directive
using Alias ToMyClass = NameSpace1.MyClass;   //using alias for a class
```

4.3.3　C#变量命名规范

(1)变量名必须以字母、下划线或者@开始。

(2)除开头字母外,变量名只能由字母、数字和下划线组成,而不能包含空格、标点符号、运算符等其他符号。

(3)变量名不能与C#中的关键字名称相同。

(4)变量名不能与C#中的库函数名称相同。

4.3.4　C#的数据类型

C#里面的数据类型分为两种:值类型和引用类型。

1. 值类型

值类型包括简单值类型和复合型类型。简单值类型可以再分为整数类型、字符类型、实数类型和布尔类型。而复合类型则是简单类型的复合,包括结构(struct)类型和枚举(enum)类型。

(1)整数类型。如表4.2所示。

表4.2　整数类型

整数类型		
数据类型	说　明	取值范围
Sbyte	有符号8位整数	−128~127
Byte	无符号8位整数	0~255
Short	有符号16位整数	−32768~32767
Ushort	无符号16位整数	0~65535

整数类型		
数据类型	说　明	取值范围
Int	有符号32位整数	−2147489648~2147483647
Uint	无符号32位整数	0~42994967295
Long	有符号64位整数	$-2^{63}~2^{63}$
Ulong	无符号64位整数	$0~2^{64}$

（2）字符类型。C#中采用Unicode字符集来表示字符类型。

（3）实数类型。如表4.3所示。

表4.3　实数类型

实数类型		
数据类型	说　明	取值范围
Float	32位单精度实数	$1.5*10^{-45}~3.4*10^{38}$
Double	64位双精度实数	$5.0*10^{-325}~1.7*10^{308}$
Demcimal	128位十进制实数	$1.0*10^{-28}~7.9*10^{28}$

（4）布尔(bool)类型。取值只能是ture或者false,bool类型对应于.NET类库中的System. Boolean结构,在计算机中占4个字节,即32位存储空间。

（5）结构类型。把一系列相关的信息组织成为一个单一实体的过程就是创建一个结构的过程。例如：

```
struct person
{
string m_name;        //姓名
int m_age;            //年龄
string m_sex;         //性别
}
```

（6）枚举类型。用于表示一个逻辑相关联的项和组合,使用关键字enum来定义。例如：

```
enum Weekday
{
Sunday,Monday,Tuesday,Wednesday,Thursday,Friday,Saturday
}
```

2. 引用类型

引用类型包括类（class）、接口（interface）、委托（delegate）和数组（array）。

（1）类（class）。类是一组具有相同数据结构和相同操作的对象集合。例如：

① 定义类。

```
Public class Customer{
    Public string  name;
    Public decimal  creditLimit;
```

Public uint customerID;}

② 实例类。

即创建类的实例必须使用关键字new进行声明。例如：

Customer nextCustomer=new Customer();

③ 类访问。

nextCustomer.name="Tom";

（2）接口（interface）。应用程序之间要相互调用，就必须事先达成一个协议，被调用的一方在协议中对自己所能提供的服务进行描述，在C#中，这个协议就是接口。

（3）委托。委托是和类相似的一种类型。委托的使用过程分为3步：

① 定义

delegate void HelloDelegate();

② 实例化

HelloDelegate hd = new HelloDelegate(p1.Say); //p1.Say调用的方法

③ 调用

hd();

（4）数组。数组主要用于对同一数据类型的数据进行批量处理。例如：

int[] array1 = new int[3]{2,3,5};

int[] array1 = {2,3,5};

变量声明及初始化：

数据类型 变量名;   //声明变量且变量名必须为有效标识符

例如：

string stu_num;

声明并初始化变量：

数据类型 变量名=初始化值;

例如：

string stu_num="1341001066";

4.3.5　C#程序的基本结构

C#程序是以类为单位进行组织编码，以下代码说明C#程序的基本结构。

```
Using System;                        //导入System命名空间
Namespace ConsoleApplication1        //定义命名空间ConsoleApplication1
{
    Class Program                    //定义类
    {
        Static void Main(string[] args)    //定义主方法，Main方法为程序入口
        {
        //程序语句
```

```
        Console.WriteLine("HelloWorld");
        Console.Read();
    }
}
}
```

Using 关键字用以导入 .NET Framework 类库中的资源，通常写在程序的开头。Namespace 关键字称为命名空间，其后是命名空间的名称，命名空间使元素可以按照功能进行组织，并且可以避免同名元素发生冲突。在引用其他命名空间的元素时，使用"命名空间.元素名"的语法格式。Console 代表标准输出设备——屏幕，它属于 System 命名空间。WriteLine 方法是 Console 类的方法。访问类或对象的方法使用点取符"."来完成。

类是面向对象语言编程中最常用的基本元素之一，用 Class 关键字表示，其后是类的名称。类包含了字段和方法等类成员。Main 方法是类中的一个全局方法，也是一个特殊的方法，它是应用程序的入口，指示编译器从该处开始执行程序。每个要运行的 C# 应用程序必须在程序的某个类中包含一个 Main 方法，并且也只能有一个 Main 方法。

语句是 C# 程序的操作指令，除了声明和初始化等语句外，一般的操作语句应该写在方法内部，多条语句之间用分号分隔。和 C 语言一样，大括号"{}"用来表示代码块的开始和结束。类和方法使用大括号限定其作用范围。

4.3.6 C#的运算符及优先级

C#的运算符及优先级如表 4.4 所示。

表 4.4 C#的运算符及优先级

高/低	优先级	运算符类型	运算符
高	1	基本运算符	()、.、[]、x++、x--、new、typeof、checked、unchecked
	2	单目运算符	+、-、!、~、++x、--x
	3	乘除运算符	*、/、%
	4	加减运算符	+、-
	5	移位运算符	<<、>>
	6	关系运算符	<、>、<=、>=、is
	7	相等运算符	==、!=
	8	逻辑"和"	&
	9	逻辑"异或"	^
	10	逻辑"或"	|
	11	条件"和"	&&
	12	条件"或"	||
	13	条件运算符	?:
低	14	赋值运算符	=、*=、/=、%=、+=、-=、<<=、>>=、&==、^=、|=

4.3.7 C#控制语句

C#控制语句主要包括选择和循环两种。

1. 选择语句

（1）单分支

If(布尔表达式){语句块；}

如果布尔表达式值为true,则执行If语句块的语句；如果布尔表达式的值为false,则执行If之后的其他语句。

（2）双分支

If(布尔表达式){语句块1；}

Else

{语句块2；}

如果布尔表达式值为true,则执行语句块1的语句；如果布尔表达式的值为false,则执行语句块2的语句。使用If…Else语句实现双分支选择结构。

（3）多分支

If(布尔表达式1){语句块1；}

Else if(布尔表达式2){语句块2；}

　　　Else {语句块3；}

如果布尔表达式1值为true,则执行语句块1的语句；如果布尔表达式1的值为false,则继续判断布尔表达式2的值；如果布尔表达式2的值为true,则执行语句块2的语句,否则执行语句块3的语句。使用If…Else If…Else语句实现多分支选择结构。

（4）Switch语句

Switch(表达式)

{

　　Case【常量表达式1】:【语句块1】;break;

　　Case【常量表达式2】:【语句块2】;break;

　　Case【常量表达式3】:【语句块3】;break;

　　Case【常量表达式4】:【语句块4】;break;

　　……

　　Default:【语句块n+1】;break;

}

Switch语句是多分支选择语句,用来实现多分支选择结构。程序首先计算Switch后表达式的值,将它依次和case子句的常量值进行比较。如果相等,则执行该子句后的语句,再执行break语句跳出Switch语句；如果表达式的值和所有case子句的值都不相等,则执行Default子句,最后执行Switch语句的后续语句。

常量表达式的值必须是与表达式的类型兼容的常量,并且在Switch语句中,不同case关键字后面的常量表达式必须不同,一个Switch语句中只能有一个Default标签。在Switch语句中,在case子句的语句块后经常使用break语句,其主要作用是跳出Switch语句。

2. 循环语句

C#中的循环语句主要包括While语句、Do…while语句、For语句和Foreach语句。下面对这几种循环语句分别进行介绍。

(1) While语句

While (布尔表达式)

　　{语句块;}

While语句块的执行顺序如下:首先计算布尔表达式的值,如果布尔表达式值为true,程序执行语句块。执行完毕重新计算布尔表达式的值,如果为true,继续执行语句块;如果布尔表达式的值为false,则结束循环,继续执行循环语句外的后续语句。

(2) Do while语句

Do

　{语句块;}while (布尔表达式);

Do…while语句的执行顺序如下:程序首先执行语句块,当程序执行完语句块后,计算布尔表达式的值,如果布尔表达式的值是true,程序继续执行语句块;如果布尔表达式的值是false,则结束循环,继续执行循环语句外的后续语句。

(3) For语句

For语句用于计算一个初始化序列。然后当某个条件为真时,重复执行嵌套语句并计算一个迭代表达式序列;如果为假,则终止循环,退出For循环。

For语句的基本形式如下:

For (初始化表达式;条件表达式;迭代表达式) {语句块;}

For语句执行过程如下:

① 如果有初始化表达式,则执行初始化表达式,给变量设置初始值。此步骤只执行一次。

② 如果存在条件表达式,则执行它。

③ 如果不存在条件表达式,则程序将转移到语句块,程序执行到了语句块的结束点,转向执行迭代表达式,再转向计算条件表达式的值,如果条件表达式的值为真,开始执行另一次迭代;如果该值为假,则结束循环,执行For之后的后续语句。

(4) Foreach语句

Foreach语句用于枚举一个集合的元素,并对该集合中的每个元素执行一次语句块,基本格式如下:

　Foreach(类型 迭代变量名 in 集合类型表达式)

　{语句块;}

Foreach 中的表达式是由关键字 in 隔开的两个项组成的。in 右边的项是集合名,in 左边的项是变量名,用来存放集合中的每个元素。程序执行过程如下:每一次循环时,从集合中取出一个新的元素值,放到变量中去,括号中的整个表达式返回值为true,执行 Foreach 语句块,当集合中的元素都已经被访问到时,整个表达式的值为false,则结束循环,执行 Foreach

语句后面的语句。

例如:

```
static void Main(string[] args)
{
    int count;
    Console.WriteLine("输入要登记的学生数");
    count = int.Parse(Console.ReadLine());
    string[]names = new string[count];
    for (int i = 0; i < names.Length; i++)
    {
     Console.WriteLine("请输入第{0}个学生的姓名",i + 1);
     names[i] = Console.ReadLine();
    }
    Console.WriteLine("已登记的学生如下");
    Foreach (string name in names)
    {
     Console.WriteLine("{0}",name);
    }
    Console.ReadKey();
}
```

4.3.8 类

类是一组具有相同属性和行为的对象的集合。类和对象之间的关系是抽象和具体的关系。类是多个对象进行综合抽象的结果,一个对象是类的一个实例。例如,对于学生类,一个具体的学生则是它的一个实例。一个类的不同实例具有相同的操作和相同的属性,但属性值可以不同。不同的实例具有不同的对象标识。对于类中的每个对象,描述它们所使用的数据结构相同,但其值不同。一个类的定义至少包含以下两个方面的描述:

(1)该类所有实例的属性定义或结构的定义。

(2)该类所有实例的操作(或行为)。

类的声明语法如下:

```
[属性] [类修饰符] class 类名
{
        [字段声明]
        [构造函数]
        [方法]
        [属性]
}
```

例如:声明一个Person类,包含姓名、年龄和身份证号。

```
class Person
    {    private string name;
        private int age;
        private long ID;
        public Person(string n, int a, long i)
        {
            name = n;
            age = a;
            ID = i;
        }
        public void Display()
        {
            Console.WriteLine("Name:{0}", name);
            Console.WriteLine("Age:{0}", age);
            Console.WriteLine("Name:{0}", ID);
        }
    }
}
```

对象创建语法如下:

类名 实例名 = new 类名([参数]);

例如,创建Person类的实例:

Person myTesta = new Person("李红",23,60012);

4.3.9 方法

方法就是对象所能执行的操作。方法声明语法如下:

[方法修饰符] 返回类型 方法名([形参表])

{

  方法体

  }

如Person类中display()方法实现信息输出。例如前面任务Myclass类中的MyArea()方法计算圆、三角形和梯形的面积。OmyArea()方法实现输出圆、三角形和梯形的面积。

4.3.10 属性

属性的声明形式为:

[访问修饰符] 类型名 属性名

{

    Get

{return 私有字段;}

Set

{私有字段=value;}

}

4.3.11 访问修饰符

访问修饰符的含义如表4.5所示。

表4.5 访问修饰符含义表

声明的可访问性	意　义
Public	访问不受限制
Protected	访问仅限于包含类或从包含类派生的类
Internal	访问仅限于当前项目
Protected internal	访问仅限于从包含类或从派生的类或当前项目
Private	访问仅限于包含类
static	可以从类中直接访问

4.3.12 Read()方法

Read()方法每次从输入流(控制台)中读取一个字符,直到收到回车键才返回。将接收的字符以int型(32位整数)值返回给变量。如果输入流中没有数据,则返回-1。

Read()方法调用格式为

Console.Read();

例如:

```
using System;
class ConsoleIO
{
    static void Main(string[] args)
    {
        Console.Write("请输入:");    //Write()输出结果无结束符,也就是无换行
        int a = Console.Read();
        Console.WriteLine("通过 Read()方法得到a=" + a); //WriteLine()输出结果有结束符,有换行
        Console.WriteLine("通过 Read()方法得到a=" + (char)a);
    }
}
```

4.3.13 Readline()方法

ReadLine()方法用于从控制台中一次读取一行字符串,直到遇到回车键才返回读取的字符串。但此字符串中不包含回车键和换行符("\r\n")。如果没有收到任何输入或接收了无效

的输入,那么ReadLine()方法将返回null。

ReadLine()方法调用格式为

Console.ReadLine();

例如:

```
using System;
class ConsoleIO2
{
    static void Main(string[] args)
    {
        Console.Write("请输入:");
        string s = Console.ReadLine();
        Console.WriteLine("你输入的内容为: " + s);
    }
}
```

4.3.14 输出到控制台

输出到控制台就是把数据输出到控制台并显示出来。.NET框架提供了console类实现这个任务。

1. 输出方式

Console.Write 表示向控制台直接写入字符串,不进行换行,继续接着前面的字符写入。引用格式:

Console.Write(输出的值);

Console.Write("输出的格式字符串",变量列表);

Console.WriteLine 表示向控制台写入字符串后换行。

2. 引用格式

Console.WriteLine(输出的值);

Console.WriteLine("输出的格式字符串",变量列表);

Console.Clear 清除控制台缓冲区和相应的控制台窗口的显示信息。

例如:

Console.WriteLine("鹿鼎记中{0}的妻子有{1},{2},{3}等7个",strName[0],strName[1],strName[2],strName3]);

这种方式中包含两个参数:"格式字符串"和变量列表。

(1)"鹿鼎记中{0}的妻子有{1},{2},{3}等7个"这是格式字符串。

(2){0}、{1}、{2}、{3}叫作占位符,代表后面依次排列的变量表,0对应变量列表的第一个变量,1对应变量列表的第2个变量,依次类推,完成输出。

4.3.15　Parse 方法

将特定格式的字符串转换为指定的数据类型。

Parse 方法的使用格式为

数据类型.Parse(字符串表达式);

例如:

Int x=int.Parse("123");

习　题

1. 选择题

(1) C#的数据类型有(　　)。

　　A. 值类型和调用类型　　　　　　　B. 值类型和引用类型

　　C. 引用类型和关系类型　　　　　　D. 关系类型和调用类型

(2) 下列选项中,哪个是引用类型? (　　)

　　A. char 类型　　　　　　　　　　　B. double 类型

　　C. string 类型　　　　　　　　　　D. int 类型

(3) 在C#中,下列变量定义与赋值正确的是(　　)。

　　A. int a=同学;　　　　　　　　　　B. float a=老师;

　　C. double a=教室;　　　　　　　　D. string a="学校";

(4) C#中的所有数据类型都派生自(　　)类。

　　A. String　　　　B. Int64　　　　C. Int32　　　　D. Object

(5) 下列哪一个不是类成员? (　　)

　　A. 属性　　　　B. 数组　　　　C. 索引器　　　　D. 循环结构

(6) 字符串连接运算符包括&和(　　)。

　　A. +　　　　　　B. -　　　　　　C. *　　　　　　D. /

(7) 属于C#语言关键字的是(　　)。

　　A. abstract　　　B. camel　　　C. Salary　　　D. Employ

(8) 将变量从字符串类型转换为数值类型可以使用的类型转换方法是(　　)。

　　A. Str()　　　　B. Cchar()　　　C. CStr()　　　D. int.Parse();

(9) "访问范围限定于只能在自己本身"是以下哪个成员对可访问性含义的正确描述? (　　)

　　A. Public　　　B. Protected　　　C. Internal　　　D. Private

(10) 下列描述错误的是(　　)。

　　A. 类不可以多重继承而接口可以

B. 抽象类自身可以定义成员而接口不可以

C. 抽象类和接口都不能被实例化

D. 一个类可以有多个基类和多个基接口

（11）在以下 C# 类中,(　　)是控制台类,利用它我们可以方便地进行控制台的输入输出。

  A. Control   B. Console   C. Cancel   D. Write

（12）数据类型转换的类是(　　)。

  A. Mod   B. Convert   C. Const   D. Single

（13）在 C# 程序中,如果某个变量在程序运行过程中的数值不发生改变也不允许改变,则在该变量声明时使用(　　)修饰符进行修饰。

  A. Const   B. Private   C. Orotected   D. Console

2. 操作题

完成本任务的设计与开发。

任务5　调查春游活动

5.1　任务描述

该任务设计一个调查春游活动的网站,通过调查统计用户的相关信息,决定活动的开展方式和开展时间。具体运行效果如图5.1、图5.2和图5.3所示。

图5.1　春游活动调查界面1

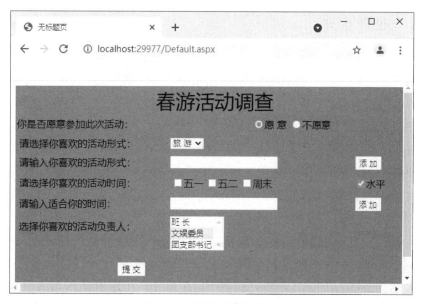

图5.2　春游活动调查界面2

图5.3 春游活动调查界面3

5.2 操 作 步 骤

5.2.1 启动 Microsoft Visual Studio 应用程序

选择"开始"→"程序"→"Microsoft Visual Studio",打开应用程序主窗口。

5.2.2 创建网站

选择"文件"→"新建"→"项目",打开"新建项目"对话框,选择"ASP.NET Web 应用程序(.NET Framework)",单击下一步,在"位置"下拉列表框中选择相应位置,创建项目名称为"ch05"的 ASP.NET Web 应用程序(.NET Framework),然后选择"空",单击"创建",创建空的 ASP.NET Web 应用程序(.NET Framework)。

5.2.3 设计窗体

添加 Default.aspx 窗体,打开 Default.aspx 的"设计"视图。选择"表"→"插入表格",插入5行3列表格,设置"插入表格"对话框如图5.4所示。合并表格中第1行单元格,拖入 Label 控件,命名为"lb_bt"。在第2行第1个单元格中拖入名为"lb_xz"的 Label 标签,将第2、3单元格合并,拖入名为"rdb_xz"的 RadioButtonList 控件。在第4行第2单元格中拖入名为"tj"的 Button 控件。在第5行第1列单元格中拖入名为"lb_jg"的 Label 控件。合并第3行为1个单元格,插入名为"Panel1"的 Panel 控件,在 Panel1 中插入7行3列的表格 table_b,属性设置如图5.4所示。将 table_b 表格中第1行第1列单元格中插入名为"lb_type"的 Label 控件,合并第2、3单元格,插入 DropDownList 控件,命名为"dp_type"。在第2行第1单元格中插入名为"lb_zxh"的 Label 控件,在第2单元格中插入名为"tb_type"的 TextBox 控件,在第3单元格中插入名为"tjxs"的 Button 控件。在第3行第1单元格中插入名为"lb_sj"的 Label 控件,在第2单元格中插入名为"ckb_sj"的 CheckBoxList 控件,在第3单元格中插入名为"CheckBox1"的 CheckBox 控件。在第4行第1单元格中插入名为"lb_xhsj"的 Label 控件,在第2单元格中插入名为"tb_sj"的 TextBox 控件，在第 3 单元格中插入名为"tjsj"的 Button 控件。在第 5 行第 1 单元格中插入名为"lb_fzr"的 Label 控件，将第 5、6、7 行的第 2 单元格合并，再插入名为"lt_fzr"的 ListBox 控件。具体控件属性设置如表 5.1 所示。

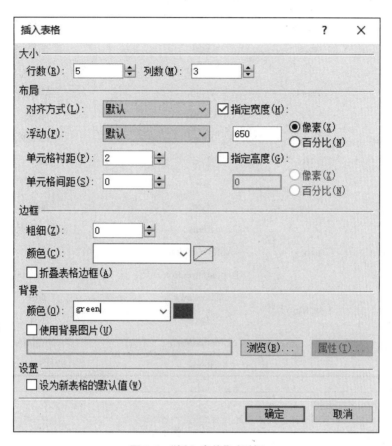

图 5.4　"插入表格"对话框

表 5.1　控件属性的设置

控件类型	控件名	属性名称	属性值
	Lb_bt	Text	春游活动调查
		Font-Size	XX-Large
	lb_xz	Text	你是否愿意参加此次活动：
	lb_type	Text	请选择你喜欢的活动形式：
Label	lb_zxh	Text	请输入你喜欢的活动形式：
	lb_sj	Text	请选择你喜欢的活动时间：
	lb_xhsj	Text	请输入适合你的时间：
	lb_fzr	Text	选择你喜欢的负责人：
	lb_jg	Text	空格
RadioButtonList	rdb_xz	Items	如图 5.5 所示

控件类型	控件名	属性名称	属性值
		AutoPostBack	True
		RepeatDirection	Horizontal
TextBox	tb_type	Text	空格
	tb_sj	Text	空格
		Height	210px
Panel	Panel1	Width	650px
		Visible	False
DropDownList	dp_type	Items	如图5.6所示
	tj	Text	提交
Button	tjxs	Text	添加
	tjsj	Text	添加
		Items	如图5.7所示
CheckBoxList	ckb_sj	AutoPostBack	True
		RepeatDirection	Horizontal
CheckBox	CheckBox1	Checked	True
		Text	水平
ListBox	lt_fzr	SelectionMode	Multiple
		Items	如图5.8所示

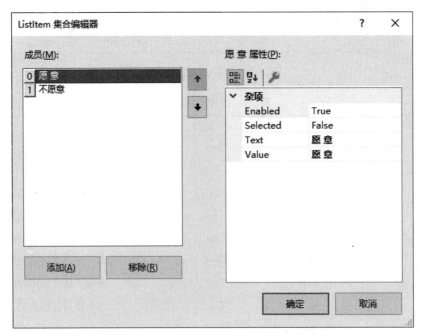

图5.5　RadioButtonList的Items属性的设置窗口

图5.6   DropDownList的Items属性的设置窗口

图5.7   CheckBoxList的Items属性的设置窗口

图5.8　ListBox的Items属性的设置窗口

5.2.4　编写代码

双击rdb_xz控件,在rdb_xz_SelectedIndexChanged事件中添加如下代码:

if (rdb_xz.Items[0].Selected) this.Panel1.Visible = true;

else this.Panel1.Visible = false;

双击tjxs按钮控件,在tjxs_Click事件中添加如下代码:

string msg = "";

int i = 0, k = 0;

msg = tb_type.Text;

if (msg != "")

　{

　　for (i = 0; i < dp_type.Items.Count; i++)

if (msg == dp_type.Items[i].Text) {k = 1; break; }

　　if (k == 1) tb_type.Text = "已经有该项！ ";

　　else

　　　{

　　　　this.dp_type.Items.Add(new ListItem(msg,msg));

　　　　this.tb_type.Text="";

　　　}

　}

双击CheckBox1控件,在CheckBox1_CheckedChanged事件中添加如下代码:

if (CheckBox1.Checked) ckb_sj.RepeatDirection = RepeatDirection.Horizontal;

else ckb_sj.RepeatDirection = RepeatDirection.Vertical;

双击 tjsj 控件,在 tjsj_Click 事件中添加如下代码:

```
    string msg = "";
  int i = 0, k = 0;
  msg = tb_sj.Text;
  if (msg != "")
    {
      for (i = 0; i < ckb_sj.Items.Count; i++) if (msg == ckb_sj.Items[i].Text) { k = 1;
break; }
        if (k == 1) tb_sj.Text = "已经有该项！";
        else
          {
            this.ckb_sj.Items.Add(new ListItem(msg, msg));
            this.tb_sj.Text = "";
          }
      }
```

双击 tj 控件,在 tj_Click 事件中添加如下代码:

```
this.Panel1.Visible = false;
string lbmsg = "", temp="";
lbmsg += "你喜欢的活动形式是:" + dp_type.SelectedItem + "<br>";
lbmsg += "你喜欢的活动时间是:";
for (int i = 0; i < ckb_sj.Items.Count; i++) if (ckb_sj.Items[i].Selected)
{ lbmsg += temp + ckb_sj.Items[i].Text; temp = ","; }
lbmsg += "<br>";
lbmsg+="你喜欢的活动负责人是:";
temp="""";
for(int i=0;i<lt_fzr.Items.Count;i++)
if (lt_fzr.Items[i].Selected){ lbmsg+=temp+lt_fzr.Items[i].Text; temp=",";}
if (rdb_xz.Items[1].Selected) lb_jg.Text = "你不愿意参加此次活动！";
 else   lb_jg.Text = lbmsg;
```

5.2.5　运 行

单击工具栏启动调试按钮"　▶ "运行应用程序,如图5.1所示效果。

5.3 知 识 链 接

5.3.1 ListControl 的标准属性

ListControl 控件为列表控件提供了所有基本的功能。继承该控件的控件包括：Check-BoxList、DropDownList、ListBox 和 RadioButtonList 控件。主要属性、方法和事件说明如表5.2、表5.3和表5.4所示。

表5.2　ListControl的标准属性含义

属 性	描 述
AppendDataBoundItems	获取或设置一个布尔值,该值指示是否在绑定数据之前清除该列表项
AutoPostBack	获取或设置一个值,指示当前用户更改列表中的选定内容时,是否自动向服务器进行回传
CausesValidation	规定在列表控件中的项目被单击时,是否验证页面
DataMember	用于绑定的表或视图
DataSourceID	将被用作数据源的IDataSource的控件ID
DataTextField	为列表项提供文本内容的数据源字段
DataTextFormatString	用于规定如何显示列表数据的格式化字符串
DataValueField	为各列表项提供值的数据源字段
Items	列表中所有项的集合。Items.Add()方法添加项,Clear()方法删除所有项
SelectedIndex	列表中选定项的索引号
SelectedItem	列表中选定项的属性 Text 值
SelectedValue	列表中选定项的属性 Value 值
SelectionMode	设置列表的选择模式,Single 表示每次选择一个选项,Multiple 表示每次可以选择多个项目
Text	列表中选定项的值
ValidationGroup	当Postback 发生时,被验证的控件组
DataSource	获取或设置对象,数据绑定控件从该对象中检索其数据项列表

表5.3　ListControl标准事件的含义

事 件	描 述
DataBinding	当服务器控件绑定到数据源时发生
DataBound	在服务器控件绑定到数据源后发生
SelectedIndexChanged	当列表控件的选定项在信息发往服务器之间变化时发生
TextChanged	当 Text 和 SelectedValue 属性更改时发生
Disposed	当从内存释放服务器控件时发生,这是请求 ASP.NET 页时服务器控件生存期的最后阶段

表5.4 ListControl常用方法的含义

方　　法	含　　义
DataBind()	将数据源绑定到被调用的服务器控件及其所有子控件
Dispose()	使服务器控件得以在从内存中释放之前执行最后的清理操作
Focus()	为控件设置输入焦点
HasControls()	确定服务器控件是否包含任何子控件
OnTextChanged(EventArgs)	引发TextChanged事件
OpenFile(String)	获取用于读取文件的Stream
ToString()	返回表示当前对象的字符串
SaveViewState()	保存从ListControl派生的控件及其包含的项的当前视图状态

5.3.2　列表控件（DropDownList 和 ListBox）

DropDownList控件允许用户从预定义的下拉列表中选择一项。主要属性说明如表5.5所示。

表5.5 DropDownList控件的常用属性说明

属　　性	描　　述
AutoPostBack	获取或设置当改变DropDownList控件的选择状态时,是否自动上传窗体数据到服务器。默认为False
Items	包含该控件所有选项的集合。每个列表项都是一个单独的对象,具有自己的属性
SelectedIndex	获取当前选择项的下标(下标从0开始)
SelectedItem	获取当前选择项对象

ListBox控件与DropDownList控件的功能基本相似,ListBox控件将所有选项都显示出来,提供单选或多选的列表框。

ListBox控件比DropDownList控件多了以下两个属性:

（1）Rows属性。获取或设置ListBox控件显示的选项行数,默认值为4。

（2）SelectionMode属性。获取或设置ListBox控件的选项模式,Single为单选,Multiple为多选,默认为Single。当允许多选时,只需按住"Ctrl键"或"Shift键"并单击要选取的选项,便可完成多选。

5.3.3　复选框控件和复选组控件（CheckBox 和 CheckBoxList）

CheckBox控件用于创建单个复选框,供用户选择。常用属性说明如表5.6所示。

表5.6 CheckBox控件的常用属性说明

属　　性	描　　述
Checked	获取或设置该项是否选中
TextAlign	控件文字的位置
Text	获取或设置CheckBox控件的文本内容
Value	获取或设置CheckBox控件的值
AutoPostBack	获取或设置当改变CheckBox控件的选择状态时,是否自动回传窗体数据到服务器。值为True时,表示单击CheckBox控件,页面自动回发;值为False时,不回发。默认值为False

CheckBox控件具有CheckedChanged事件。当Checked属性的值改变时,会触发此事件。与TextBox控件类似,该事件要与AutoPostBack属性配合使用。例如:同单选框控件一样,复选框也是通过Check属性判断是否被选择,而不同的是,复选框控件没有GroupName属性。

CheckBoxList控件的属性、用法及功能与ListBox控件基本相同。除此之外,它还有自己的特殊属性。特殊属性说明如表5.7所示。

表5.7　CheckedBoxList控件的特殊属性说明

属　性	描　述
RepeatDirection	表示是横向还是纵向排列
RepeatColumns	一行排几列
TextAlign	控件文字的位置
Selected	表示该选项是否选中

注:复选组控件与单选组控件不同的是,不能够直接获取复选组控件某个选中项的值,因为复选组控件返回的是第一个选择项的返回值,只能够通过Item集合来获取选择某个或多个选中的项目值。

5.3.4　单选控件和单选组控件(RadioButton 和 RadioButtonList)

RadioButton控件用于创建单个单选框,供用户选择。

RadioButton控件的常用属性和事件与CheckBox控件基本相同。

RadioButton控件还有一个特殊的属性GroupName,用于设置单选按钮所属的组名,通过将多个单选按钮的组名设为相同值,将其分为一组相互排斥的选项。单选控件通常需要使用Checked属性来判断某个选项是否被选中,多个单选控件之间可能存在着某些联系,这些联系通过GroupName进行约束和联系。与TextBox文本框控件相同,单选控件不会自动进行页面回传,必须将AutoPostBack属性设置为True时才能在焦点丢失时触发相应的Checked-Changed事件。

与CheckBoxList控件类似,RadioButtonList控件是一个RadioButton控件组,当存在多个单选框时,用该控件比RadioButton简单。

与单选控件相同,单选组控件也是只能选择一个项目的控件,而与单选控件不同的是,单选组控件没有GroupName属性,但是却能够列出多个单选项目。另外,单选组控件所生成的代码也比单选控件实现的相对较少。常用属性如表5.8所示。

表5.8　单选组控件常用属性

属　性	描　述
DataMember	在数据集用作数据源时做数据绑定
DataSource	向列表填入项时所使用的数据源
DataTextFiled	提供项文本的数据源中的字段
DataTextFormat	应用于文本字段的格式
DataValueFiled	数据源中提供项值的字段
Items	列表中项的集合
RepeatColumn	用于布局项的列数
RepeatDirection	项的布局方向
RepeatLayout	是否在某个表或者流中重复

5.3.5　Panel 控件

Panel 控件可用作其他控件的容器。通过将多个控件放入一个 Panel 控件,可将它们作为一个单元进行控制,例如显示或隐藏它们。它的主要属性说明如表 5.9 所示。

表 5.9　Panel 控件属性说明

属　　性	描　　述
BackImageUrl	规定显示控件背景的图像文件的 URL
Direction	规定 Panel 的内容显示方向
GroupingText	规定 Panel 中控件组的标题
HorizontalAlign	规定内容的水平对齐方式
ScrollBars	规定 Panel 中滚动栏的位置和可见性
Wrap	规定内容是否折行
Visible	指示控件是否可见并被呈现出来
Height	规定 Panel 的高度
Width	规定 Panel 的宽度

习　　题

1. 选择题

(1) 下列关于 Web 服务器端 ListBox 控件的说法不正确的是(　　)。

　　A. ListBox 控件显示为列表框

　　B. ListBox 控件只能实现单选

　　C. ListBox 控件的选项中可以有默认选项

　　D. ListBox 控件可以设置列表的显示高度

(2) 下列关于 Web 服务器端 CheckBox 控件的说法不正确的是(　　)。

　　A. CheckBox 控件显示为复选框

　　B. CheckBox 控件没有 GroupName 属性

　　C. CheckBox 控件可以有默认选项

　　D. CheckBox 控件可以全选,也可以全不选

(3) 下列关于 Web 服务器端 RadioButton 控件的说法不正确的是(　　)。

　　A. RadioButton 控件显示为单选按钮

　　B. RadioButton 控件没有 GroupName 属性

　　C. RadioButton 控件具有 GroupName 属性,而且是必须设置的

　　D. 同一组 RadioButton 控件具有相同的 GroupName 属性

(4) 下列关于Web服务器端Panel控件的说法不正确的是(　　)。

　　A. Panel控件显示为面板

　　B. Panel控件是其他控件的容器

　　C. Panel控件可以设置为不同的显示样式

　　D. Panel控件没有任何事件方法可以处理

(5) 在设计窗口,可以通过(　　)属性向列表框控件如ListBox的列表添加项。

　　A. Items　　　　B. Items.Count　　　　C. Text　　　　D. SelectedIndex

(6) 引用ListBox控件最后一个数据项应使用(　　)语句。

　　A. ListBox1.Items[ListBox1.Items.Count]

　　B. ListBox1.Items[ListBox1.SelectedIndex]

　　C. ListBox1.Items[ListBox1.Items.Count-1]

　　D. ListBox1.Items[ListBox1.SelectedIndex-1]

2. 操作题

(1) 完成本任务的设计与开发。

(2) 模拟用户注册时省市的选择,实现省份城市级联效果。数据库的数据表结构如图5.9所示。

图5.9　省市级联效果

任务6 数据连接

6.1 任务描述

该任务通过设计一个窗体显示学生的学籍表信息,具体效果如图6.1所示。

学号	姓名	性别	出生年月	专业	班级编号	家庭住址	是否团员	电话号码	入学成绩
2005101	陈二	男	1986/3/19 0:00:00	计算机应用	0501	北京	☑	05523013521	380
2005102	黄三	男	1984/6/18 0:00:00	计算机应用	0501	上海	☑	05523013522	380
2005103	李四	男	1986/11/3 0:00:00	计算机应用	0501	天津	☑	05523013523	290
2005104	李五	女	1985/6/28 0:00:00	计算机应用	0501	重庆	☐	05523013524	376
2005105	李六	女	1986/9/19 0:00:00	计算机应用	0501	安徽	☑	05523013525	377
2005106	刘七	男	1985/8/26 0:00:00	计算机网络技术	0502	江西	☐	05523013526	280
2005107	王八	男	1987/10/2 0:00:00	计算机网络技术	0502	河南	☑	05523013527	387
2005108	王九	女	1988/5/18 0:00:00	计算机网络技术	0502	湖北	☑	05523013528	396
2005109	伍十	男	1986/7/20 0:00:00	计算机网络技术	0502	青海	☐	05523013529	475
2005110	许一	男	1985/3/23 0:00:00	计算机网络技术	0502	云南	☐	05523013531	377

1234

图6.1 学生信息表

6.2 操作步骤

6.2.1 启动 Microsoft Visual Studio 2010 应用程序

选择"开始"→"程序"→"Microsoft Visual Studio",打开应用程序主窗口。

6.2.2 创建网站

选择"文件"→"新建"→"项目",打开"新建项目"对话框,选择"ASP.NET Web 应用程序

（.NET Framework）"，单击下一步，在"位置"下拉列表框中选择相应位置，创建项目名称为"ch06"的 ASP.NET Web 应用程序（.NET Framework），然后选择空，单击"创建"，创建空的 ASP.NET Web 应用程序（.NET Framework）。

6.2.3 设计窗体

添加 Web 窗体 Default.aspx，在站点根目录单击右键，选择"添加 ASP.NET 文件夹"添加"App_Data"文件夹，将 Access 数据库文件"学籍管理系统.accdb"添加到 App_Data 文件夹下。打开 Default.aspx 的"设计"视图，从工具箱中拖入 GridView 控件到窗口，单击控件右上角的"▶"，弹出"GridView任务"菜单，选择"新建数据源"命令，弹出如图6.2所示窗体，选择"Access 数据库"，单击"确定"按钮，如图6.3所示，弹出"配置数据源"对话框，单击"浏览"按钮，选择"学籍管理系统.accdb"数据源，继续按照图6.4～图6.7提示完成数据源配置。

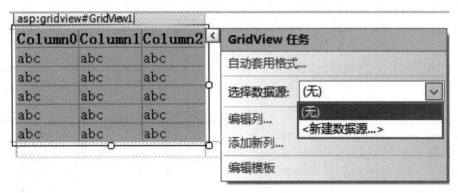

图6.2 建立数据源

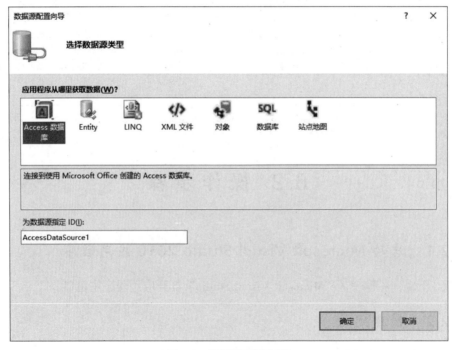

图6.3 数据源配置向导

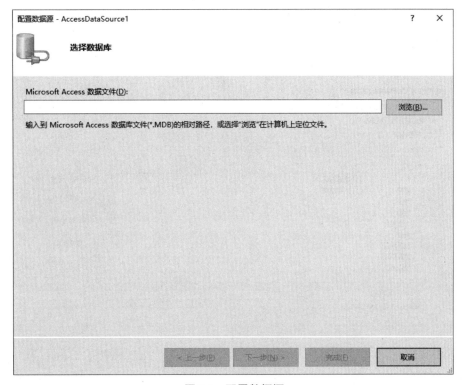

图6.4 配置数据源

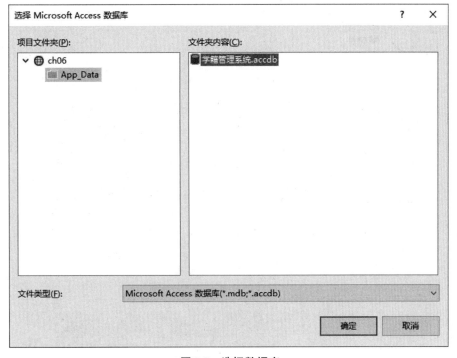

图6.5 选择数据库

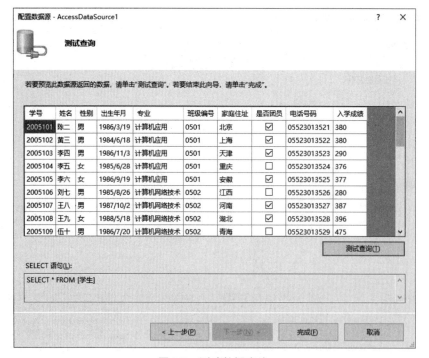

图6.6　选择数据表

图6.7　测试数据查询

6.2.4　属性设置

选择GridView1控件,单击工具栏的"▦"属性按钮,弹出该控件的属性窗口,设置属性如表6.1所示。

表6.1　设置控件属性

控件名		属性名称	属性值
GridView	AlternatingRowStyle	AllowPaging	True
		BackColor	#FF8000
		BorderStyle	Double
		BorderWidth	1px
		BorderColor	Black
		Caption	学生信息表
		CaptionAlign	Top
		Cellpadding	6
	Font	Size	10
		GridLines	Horizontal
		HorizontalAlign	Center
		FirstPageText	首　页
		LastPageText	末　页
	PageSettings	Mode	NextPreviousFirstLast
		NextPageText	下一页
		PreviousPageText	前一页
		PageSize	10

6.2.5　运行

单击工具栏启动调试按钮"▶"运行应用程序,如图6.1所示效果。

6.3　知　识　链　接

6.3.1　GridView 控件

GridView(网格视图)控件是数据控件,它以表格的形式在Web页面中显示数据源中的数据,每列表示一个字段,每行表示一条记录。

1. Gridview 控件属性

Gridview控件的常用属性及说明如表6.2所示。

表6.2　Gridview控件的常用属性及说明

属　　性	说　　明
AllowPaging	指示该控件是否启用分页功能
AllowSorting	指示该控件是否启用排序功能
AutoGenerateColumns	指示是否自动地为数据源中的每个字段创建列。默认为True
DataKeyNames	获取或设置一个数组，该数组包含了显示在Gridview控件中的项的主键字段的名称
DataKeys	获取一个DataKey对象集合，这些对象表示Gridview控件中的每一行的数据键值
DataMember	当数据源包含多个不同的数据项列表时，获取或者设置数据绑定控件绑定到的数据列表的名称
DataSource	获取或设置对象，数据绑定控件从该对象中检索其数据项列表
DataSourceID	获取或设置控件的ID，数据绑定控件从该控件中检索其数据项列表
PageSize	获取或设置Gridview控件在每页上所显示记录的数目
PageCount	获取在Gridview控件中显示数据源记录所需的页数
PageIndex	获取或设置当前显示页的索引
SortDirection	获取正在排序的排序方向
SortExpression	获取与正在排序的列关联的排序表达式
AlternatingRowStyle	定义表中每隔一行的样式属性
EditRowStyle	定义正在编辑的行的样式属性
FooterStyle	定义网格的页脚的样式属性
HeaderStyle	定义网格的标题的样式属性
BackImageUrl	指示要在控件背景中显示的图像的URL
Caption	在该控件的标题中显示的文本
CaptionAlign	标题文本的对齐方式
GridLines	指示该控件的网格线样式
HorizontalAlign	指示该页面上的控件水平对齐
PagerSettings	应用一个允许我们设置分页器按钮的属性的对象
ShowFooter	指示是否显示页脚行
ShowHeader	指示是否显示标题行
SelectedDataKey	返回当前选中的记录的DataKey对象
SelectedIndex	获得和设置标识当前选中行的基于0的索引
SelectedRow	返回一个表示当前选中行的GridViewRow对象
SelectedValue	返回DataKey对象中存储的键的显示值

下面对比较重要的属性进行详细介绍。

（1）AllowPaging属性。用于指示是否启用分页功能。如果启用分页功能，则为True；否则为False，默认为False。

例如：Gridview控件的ID属性为stu_table，该控件启用分页。代码设置为

stu_table.AllowPaging=true;

（2）DataSource属性。获取或设置对象，数据绑定控件从该对象中检索其数据项列表。默认为空。

例如：ID属性为stu_table的Gridview控件所显示的数据源为ds的DataSet对象。

代码如下：

Stu_table.DataSource = ds;

2. Gridview控件方法

Gridview控件的常用方法及说明如表6.3所示。

表6.3 Gridview控件的常用方法及说明

方 法	说 明
DataBind	将数据源绑定到Gridview控件
DeleteRow	从数据源中删除位于指定索引位置的记录
FindControl	在当前的命名容器中搜索指定的服务器控件
GetType	获取当前实例的Type
IsBindableType	确定指定的数据类型是否能绑定到Gridview控件中的列
Sort	根据指定的排序表达式和方向对Gridview控件进行排序

下面对比较重要的常用方法进行详细介绍。

（1）DataBind 方法。用于将数据源绑定到数据控件上。当 Gridview 控件设置了数据源，都需用该方法进行绑定，才能将数据源显示在控件上。

（2）Sort 方法。根据指定的排序表达式和方法对 Gridview 控件进行排序。

该方法包含两个参数：

① SortExpress。设置 Gridview 控件进行排序时所用的表达式。

② SortDirection。设置排序方式，Ascending（从小到大排序）或 Descending（从大到小排序）。

语法如下：

Public virtual void Sort (sring sortExpression,SortDirection sortDirection);

3. Gridview控件事件

Gridview控件的常用事件及说明如表6.4所示。

表6.4 Gridview控件的常用事件及说明

事 件	说 明
DataBinding	当服务器控件绑定到数据源时发生
DataBound	在服务器控件绑定到数据源后发生
PageIndexChanged	在Gridview控件处理分页操作之后发生
PageIndexChanging	在Gridview控件处理分页操作之前发生
RowCommand	当单击Gridview控件中的按钮时发生
RowDataBound	在Gridview控件中将数据行绑定到数据时发生
RowDeleted	单击某一行的"删除"按钮时，在Gridview控件删除该行之后发生
RowDeleting	单击某一行的"删除"按钮时，在Gridview控件删除该行之前发生
RowEditing	单击某一行的"编辑"按钮后，在Gridview控件进入编辑模式之前发生
RowUpdated	单击某一行的"更新"按钮，在Gridview控件对该行进行更新之后发生
RowUpdating	单击某一行的"更新"按钮，在Gridview控件对该行进行更新之前发生

事　件	说　明
SelectedIndexChanged	单击某一行的"选择"按钮,Gridview控件对相应的选择操作进行处理之后发生
SelectedIndexChanging	单击某一行的"选择"按钮,Gridview控件对相应的选择操作进行处理之前发生
Sorted	单击用于列排序的超级链接时,在Gridview控件对相应的排序操作进行处理之后发生
Sorting	单击用于列排序的超级链接时,在Gridview控件对相应的排序操作进行处理之前发生

下面对比较重要的属性进行详细介绍。

（1）PageIndexChanging事件。单击某一页导航按钮时,在Gridview控件处理分页操作之后发生。

（2）RowCommand事件。当单击Gridview控件中的按钮时发生。在使用RowCommand控件时,需要设置Gridview控件中按钮的CommandName属性值,CommandName属性值及说明如表6.5所示。

表6.5　CommandName属性值及说明

事　件	说　明
Delete	删除当前记录
Edit	将当前记录置于编辑模式
Update	更新数据源中的当前记录
Select	选择当前记录
Sort	对GridView控件进行排序
Cancel	取消编辑操作并将GridView控件返回只读模式
Page	执行分页操作

习　题

1. 选择题

（1）下列关于GridView控件的说法,错误的是(　　)。

A. GridView会生成以表格形式布局的列表

B. GridView内置了分页、排序、增加、删除、修改、查找等功能

C. 给GridView设置数据源时,可以指定该控件的DataSourceID为某数据源控件ID

D. 给GridView设置DataSource属性后,必须调用DataBind()方法,且DataSource和DataSourceID不可以同时指定

（2）如果希望在GridView中显示"上一页"和"下一页"的导航栏,则属性集合Pager-Settings中的属性Mode值应设为(　　)。

　　A. Numeric　　　　　　　　　B. NextPrevious

　　C. NextPrev　　　　　　　　　D. 上一页,下一页

（3）如果对定制后的GridView实现排序功能,除设置GridView的属性AllowSorting的值为True外,还应该设置(　　)属性。

　　A. SortExpression　　　　　　B. Sort

　　C. SortField　　　　　　　　　D. DataFieldText

（4）表格视图GridView控件的基类是(　　)。

　　A. System.Web.UI.WebContrls

　　B. System.Data.OdbcConnction

　　C. System.Web.UI

　　D. System.Web.UI.WebControls.DataGrid

（5）当GridView控件启用分页后,默认每页显示记录的条数是(　　)。

　　A. 5　　　　　B. 10　　　　　C. 15　　　　　D. 21

（6）下面关于GridView控件的说法,正确的是(　　)。

　　A. GridView控件只能原样显示数据表中的记录,不能修改

　　B. 为了美化显示,GridView控件的头模板、体模板和尾模板都必须进行设置

　　C. GridView控件不能分页显示数据

　　D. GridView控件能实现数据的排序

（7）当GridView控件启用分页后,获知数据表当前所在页数的属性是(　　)。

　　A. PageSize　　　　　　　　　B. PageIndex

　　C. PagerStyle　　　　　　　　D. AllowPaging

（8）如果定制了各列,又希望能按某一列排序,需要在每一列设置的属性是(　　)。

　　A. SortExpression　　　　　　B. Sort

　　C. SortField　　　　　　　　　D. DataFieldText

（9）设置GridView控件中某列表头显示的文本,需要设置的列属性是(　　)。

　　A. HeaderText　　　　　　　　B. FooterText

　　C. ReadOnly　　　　　　　　　D. Visible

（10）设置GridView控件中某列是不可修改更新的,需要设置的列属性是(　　)。

　　A. HeaderText　　　　　　　　B. FooterText

　　C. ReadOnly　　　　　　　　　D. Visible

2. 操作题

（1）设计并完成该任务。

（2）使用 Gridview 控件的内置排序功能排序显示数据,执行程序,结果如图6.8所示。

图6.8　Gridview控件的排序功能

任务7 用户控件实现用户登录

7.1 任 务 描 述

设计一个网站，实现用户登录功能，并创建具有用户注册功能的用户控件，具体效果如图7.1、图7.2和图7.3所示。

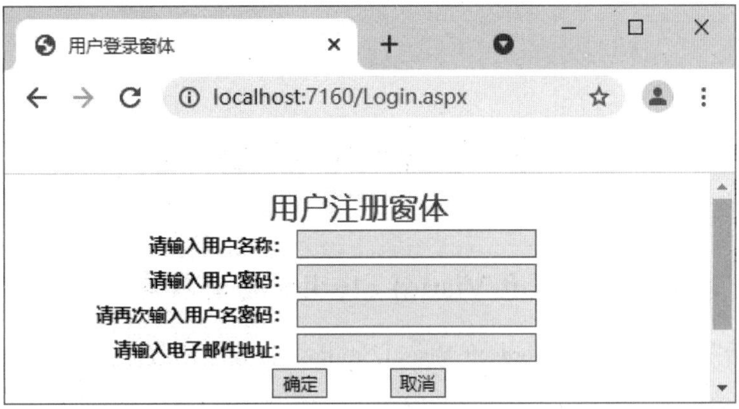

图7.1 用户登录窗体

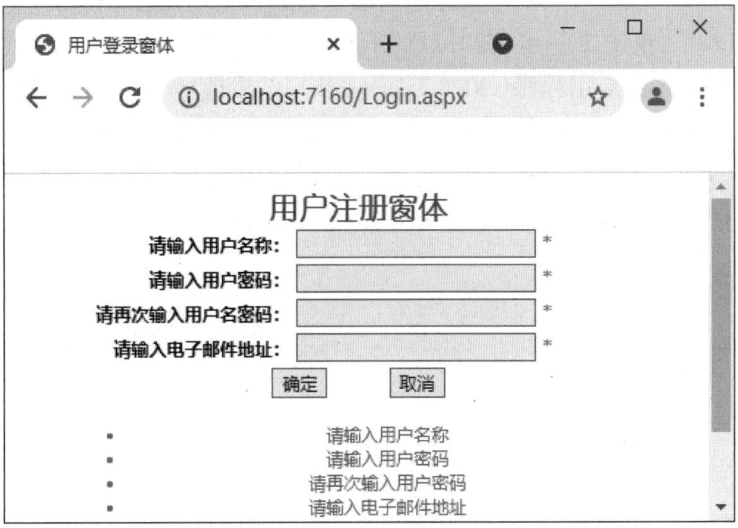

图7.2 登录信息为空

图7.3　登录信息

7.2　操 作 步 骤

7.2.1　启动 Microsoft Visual Studio 应用程序

选择"开始"→"程序"→"Microsoft Visual Studio",打开应用程序主窗口。

7.2.2　创建网站

选择"文件"→"新建"→"项目",打开"新建项目"对话框,选择"ASP.NET Web 应用程序(.NET Framework)",单击下一步,在"位置"下拉列表框中选择相应位置,创建项目名称为"ch07"的 ASP.NET Web 应用程序(.NET Framework),然后选择"空",单击"创建",创建空的 ASP.NET Web 应用程序(.NET Framework)。在网站根目录单击鼠标右键,添加文件夹"User-Control"。并在文件夹 UserControl 下单击右键,选择"添加新项",弹出"添加新项"对话框,选择添加"Web用户控件"如图7.4所示,命名为"Register.ascx"。

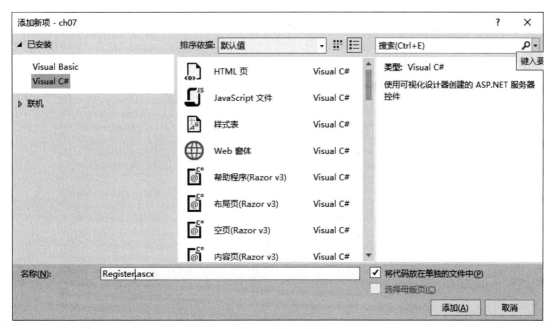

图7.4 添加新项

7.2.3 设计窗体

打开Registration.ascx文件,在Registration.ascx源文件中添加style文件style1和style2,代码如下:

```
<style type="text/css">
    /*表格整体的样式设置,设置了表格宽度、表格字符和字体大小 */
    .style1
    {
        width: 400px;
        font-family: verdana;
        font-size: 9pt;
    }
    /*设置表格的提示文本 */
    th
    {
        text-align: right;
         width: 150px;
        }
    /*表单的输入文本样式 */
    input
    {
        font-family: verdana;
```

```
            font-size:9pt;

            border-style:solid;

            border-width:1px;

            background-color:#EEEEEF;

    }

     /*设置表格标题样式 */

    thead

    {

            font-family:幼圆;

            font-size:15pt;

            font-weight:bold;

            color:#006600;

            text-align:center;

    }
```

</style>

打开 Registration.ascx 文件设计视图,选择菜单"表"→"插入表格",弹出"插入表格"对话框,插入 7 行 2 列的表格,设置如图 7.5 所示,选中表格,单击右键,弹出"表格属性"对话框,设置表格 class=style1,设置如图 7.6 所示。合并表格第 1 列,在表格第 1 行输入"用户注册窗体",并设置字体大小为 15 pt,字体类型为幼圆,字体颜色为蓝色,如图 7.7 所示。在表格第 1 列第 2、3、4、5 行单元格依次输入"请输入用户名称:""请输入用户密码:""请再次输入用户名密码:""请输入电子邮件地址:"。在表格第 2 列第 2、3、4、5 行单元格依次插入 TextBox 控件,分别命名为"txtUserName""txtUserPass""txtrepass""txtEmail""txtReEmail",同时在第 2 列第 2、3、4、5 行单元格中依次插入 RequiredFieldValidator 并分别命名为"rfv_zh""rfv_mm""rfv_qrmm""rfv_email",并在表格第 2 列第 4 行单元格插入 CompareValidator,并命名为"cpv_qrmm",在表格第 2 列第 5 行单元格插入 RegularExpressionValidator 控件,并命名为"rev_email"。合并表格第 6 行第 1 列和第 2 列单元格,插入 2 个 Button 控件,分别命名为"btnok"和"btnCancel"。合并表格第 7 行第 1 列和第 2 列单元格,插入 ValidationSummary 控件,并命名为"Vds1"。控件属性设置如表 7.1 所示。

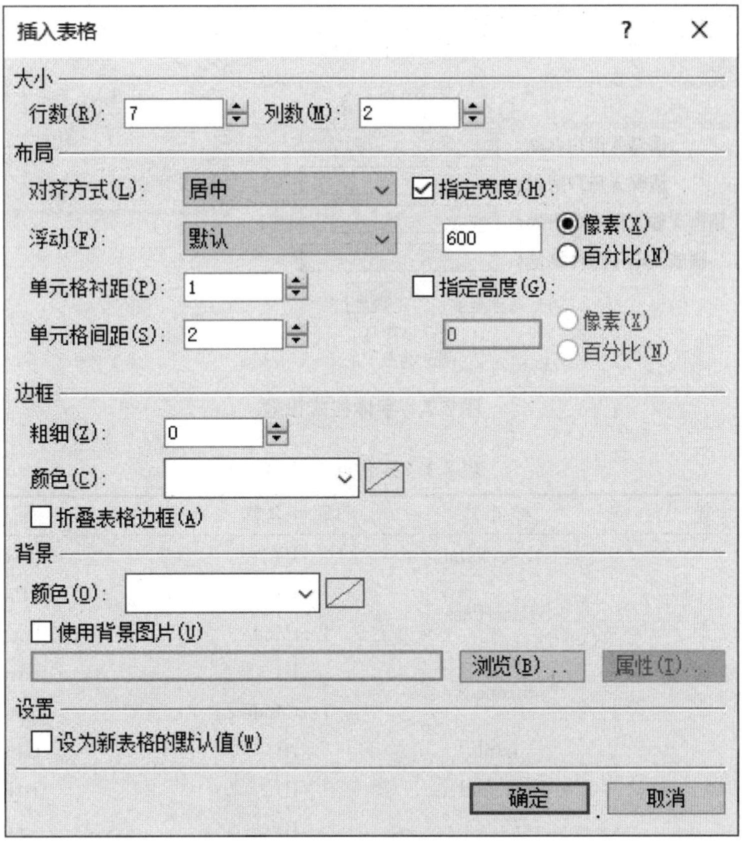

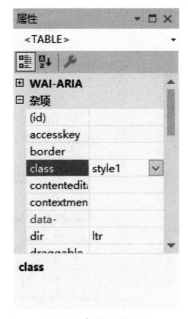

图7.5　"插入表格"对话框

图7.6　表格属性设置

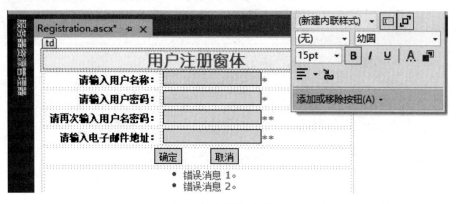

图 7.7　字体格式设置

表 7.1　控件属性设置

控件类型	控件名	属性名称	属性值
TextBox	txtUserName	ID	txtUserName
	txtUserPass	ID	txtUserPass
		TextMode	Password
	txtrepass	ID	txtrepass
		TextMode	Password
	txtnl	ID	txtrepass
	txtEmail	ID	txtEmail
RequiredFieldValidator	rfv_zh	ID	rfv_zh
		ControlToValidate	txtUserName
		ErrorMessage	请输入用户名称
		Text	*
	rfv_mm	ID	rfv_mm
		ControlToValidate	txtUserPass
		ErrorMessage	请输入用户密码
		Text	*
	rfv_qrmm	ID	rfv_qrmm
		ControlToValidate	txtrepass
		ErrorMessage	请再次输入用户密码
		Text	*
	rfv_email	ID	rfv_email
		ControlToValidate	txtEmail
		ErrorMessage	请输入电子邮件地址
		Text	*
CompareValidator	cpv_qrmm	ID	cpv_qrmm
		ControlToCompare	txtUserPass
		ControlToValidate	txtrepass
		ErrorMessage	两次输入密码必须相同
		Operator	Equal
		Type	String

控件类型	控件名	属性名称	属性值
		Text	*
		Id	rev_email
RegularExpressionValidator	rev_email	ControlToValidate	txtEmail
		ErrorMessage	请输入正确格式的电子邮件地址
		ValidationExpression	如图7.8所示
ValidationSummary	Vds1	ID	Vds1
		ForeColor	Red
Button	btnok	Text	确定
	btnCancel	Text	取消

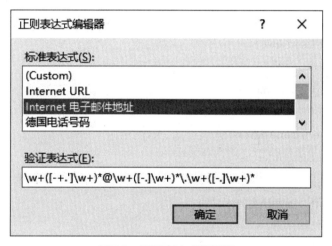

图7.8　正则表达式编辑器

7.2.4　添加代码

在 registration.ascx "设计"视图中,在 class 添加如下代码:

```
public string UserName
    {
        get { return txtUserName.Text; }
        set { txtUserName.Text = value; }
    }
    public string EmailAddress
    {
        get { return txtEmail.Text; }
        set { txtEmail.Text = value; }
    }
    //定义一个事件
public event EventHandler<RegistEventArgs> OnRegistered;
```

双击btnOK按钮,添加单击事件代码。

//这里省略了实际的验证代码

```
        //如果事件源不为空,就立刻触发事件
        if (OnRegistered != null)
        {
            OnRegistered(sender, new RegistEventArgs(txtUserName.Text, txtEmail.Text,
txtUserPass.Text));
        }
```

在registration.ascx.cs中自定义类文件,代码如下:

```
public class RegistEventArgs : EventArgs
{
    private string _userName;
    public string UserName;
    {
        get { return _userName; }
    }
    private string _emailAddress;
    public string EmailAddress;
    {
        get { return _emailAddress; }
    }
    private string _password;
    public string Password;
    {
        get { return _password; }
    }
    //在构造函数中,获取用户名、密码和e-mail地址
    public RegistEventArgs(string userName, string emailAddress, string passWord)
    {
        _userName = userName;
        _emailAddress = emailAddress;
        _password = passWord;
    }
}
```

7.2.5 添加新窗体

在站点根目录单击右键,添加Web窗体Login.aspx,单击Login.aspx窗体的设计视图将

registration.ascx用户控件拖入Login.aspx窗体的设计视图,并命名为"registration1"。在registration.ascx用户控件下添加Label控件,并命名为"lblInfo",控件属性设置如表7.2所示。打开Login.aspx的"源"代码视图,在它的<head></head>标签中添加如下代码:

```
<title>用户登录窗体</title>
    <style type="text/css">
        #layout
        {
            width:400px;
            margin:0px auto;
        }
</style>
```

表7.2 控件属性设置

控件名	属性名称	属性值
Label	Text	空
	ID	lblInfo
registration.ascx	ID	registration1

7.2.6 设置 Webconfig 文件

打开Webconfig文件,在System.web节中添加如下代码:

```
<pages controlRenderingCompatibilityVersion="3.5" clientIDMode="AutoID">
    <controls>
        <add tagPrefix="myUserControl" tagName="registration" src="~/UserControl/Regis-
tration.ascx"/>
    </controls>
    </pages>
    </system.web>
```

7.2.7 运行

在解决方案资源管理器中,鼠标右键Login.aspx文件,选择"设为起始页",单击工具栏启动调试按钮"▶"运行应用程序,如图7.1所示效果。

7.3 知 识 链 接

7.3.1 Validation 服务器控件

Validation服务器控件用于验证输入控件的数据。

RequiredFieldValidator 控件用于使输入控件成为一个必选字段。RequiredFieldValidator
控件的常用属性如表7.3所示．

表7.3　RequiredFieldValidator控件的常用属性

属　　性	描　　述
BackColor	指示该控件的背景颜色
ControlToValidate	要验证的控件的ID
Display	指示要验证控件的显示行为:-None:错误出现不提示;-Static:错误信息占有固定位置;-Dynamic:错误信息出现时占有固定位置
Enabled	布尔值,指示是否启用该控件
ErrorMessage	当验证失败时出现的错误提示信息
ForeColor	设置该控件的前景色
IsValid	布尔值,指示该控件是否通过验证

CompareValidator 控件用于将用户输入到输入控件的值与输入到其他输入控件的值进
行比较,CompareValidator 控件的常用属性如表7.4所示。

表7.4　CompareValidator控件的常用属性

属　　性	描　　述
BackColor	指示 CompareValidator 控件的背景颜色
ControlToValidate	要验证的控件的ID
ControlToCompare	用于进行比较的控件的ID
Display	指示要验证控件的显示行为:-None:错误出现不提示;-Static:错误信息占有固定位置;-Dynamic:错误信息出现时占有固定位置
Enabled	布尔值,指示是否启用该控件
ErrorMessage	当验证失败时出现的错误提示信息
ForeColor	设置该控件的前景色
IsValid	布尔值,指示该控件是否通过验证
Operator	要执行的比较类型:Equal;GreaterThan;GreaterThanEqual;LessThan;LessThanEqual;NotEqual;DataTypeCheck
Type	要对比的值的数据类型:String;Integer;Double;Date;Currency
ValueToCompare	一个常数值,该值与输入控件的值进行比较

RangeValidator 控件用于检测用户输入的值是否介于两个值之间,RangeValidator 控件的
常用属性如表7.5所示。

表7.5　RangeValidator控件的常用属性

属　　性	描　　述
BackColor	指示该控件的背景颜色
ControlToValidate	要验证的控件的ID
Display	指示要验证控件的显示行为:-None:错误出现不提示;-Static:错误信息占有固定位置;-Dynamic:错误信息出现时占有固定位置
Enabled	布尔值,指示是否启用该控件
ErrorMessage	当验证失败时出现的错误提示信息
ForeColor	设置该控件的前景色

续表

属　　性	描　　述
IsValid	布尔值,指示该控件是否通过验证
MaximumValue	规定输入控件的最大值
MinimumValue	规定输入控件的最小值
Type	规定要检测的值的数据类型。类型有 String;Integer;Double;Date;Currency

RegularExpressionValidator 控件用于验证输入值是否匹配正则表达式指定的模式。它具有 RequiredFieldValidator 所具有的常用属性功能,还有 ValidationExpression 属性规定验证输入控件的正则表达式。

ValidationSummary 控件用于显示网页中所有验证错误的报告,ValidationSummary 控件的常用属性如表7.6所示。

表7.6　ValidationSummary 控件的常用属性

属　　性	描　　述
DisplayMode	如何显示摘要。合法值有 BulletList;List;SingleParagraph
HeaderText	ValidationSummary 控件中的标题文本
ShowMessageBox	布尔值,指示是否在消息框中显示验证摘要
ShowSummary	布尔值,规定是否显示验证摘要

7.3.2　ADO.NET 组件

由任务 1.NET 框架知道 ADO.NET 是 .NET 框架的一部分,是一种全新的数据库访问技术,它是 .NET 框架提供给 .NET 开发语言进行数据库开发的一系列类库的集合。用户使用 ADO.NET 组件可以方便地连接和访问数据库。ADO.NET 组件主要包含两大核心组件:.NET Data Provider(数据提供者)和 DataSet(数据集)对象。图7.9描述了 ADO.NET 组件的体系结构。

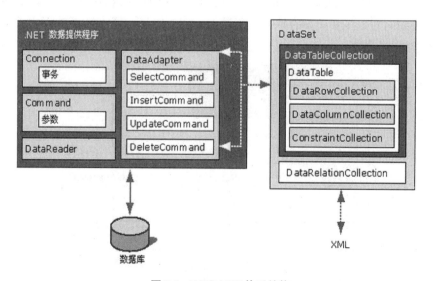

图7.9　ADO.NET 体系结构

.NET Data Provider是专门为数据处理以及快速地只进、只读访问数据而设计的组件,包括Connection、Command、DataReader和DataAdapter四大类对象,其主要功能是:

(1)在应用程序里连接数据源,连接SQL Server数据库服务器。

(2)通过SQL语句的形式执行数据库操作,并能以多种形式把查询到的结果集填充到DataSet里。

为了满足不同类型数据库的开发需求,.NET Framework提供了四种数据提供程序,分别是OLE DB.NET Framework数据提供程序、SQL Server.NET Framework数据提供程序、ODBC.NET Framework数据提供程序和Oracle.NET Framework数据提供程序。这里我们采用的是Access数据库,因此采用的是OLE DB.NET Framework数据提供程序,它的所有相关类程序都包含在System.Data.OleDb命名空间中,相对应的四大对象的类名分别为OleDbConnection、OleDbCommand、OleDbDataReader和OleDbDataAdapter。OLE DB.NET Framework数据提供程序的特点是能够被应用于任何拥有一个能和.Net框架相兼容的OLE DB提供者的数据库,例如SQL Server、dBase和Access等。

DataSet对象是支持ADO.NET的断开式、分布式数据访问的核心对象。DataSet是数据的内存驻留表示形式,无论数据源是什么,它都会提供一致的关系编程模型。它是专门为独立于任何数据源的数据访问而设计的。DataSet对象的主要功能是:

(1)其中的DataTable和DataRelations对象来容纳.NET Data Provider对象传递过来的数据库访问结果集,以便应用程序访问。

(2)把应用代码里的业务执行结果更新到数据库中。

7.3.3　ADO.NET 对象模型

ADO.NET组件包含五大对象,DataSet对象和.NET Data Provider包含的Connection、Command、DataReader和DataAdapter四大对象,其中,Connection对象主要负责与数据源建立连接,Command对象主要负责执行操作命令,DataReader对象主要负责读取数据库中的数据,DataAdapter对象主要负责在Command对象执行完SQL语句后生成并填充DataSet和DataTable,DataSet对象主要负责存取和更新数据。图7.10显示了ADO.NET的数据访问模式以及五大对象之间的关系。

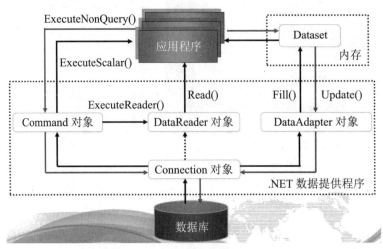

图7.10　ADO.NET数据访问模式

7.3.4 Connection 对象

Connection 对象主要负责与数据源建立连接,它的主要属性为 ConnectionString,该属性用来设置连接到数据库的连接字符串。

1. ConnectionString 属性

ConnectionString 属性通常需要指定将要连接数据源的种类、服务器的位置、数据库名称、登录用户名、密码、等待连接时间、安全验证设置等参数信息,这些参数之间用分号隔开。下面具体介绍常用参数的使用方法。

(1) Provider 参数。Provider 参数用来指定要连接数据源的种类。如设置 Provider 值为 Microsoft.Jet.OLEDB.4.0,则对应连接 Microsoft OLEDB Provider for Access。

(2) Data Source 或 Server 参数。Server 参数用来指定需要连接的数据库服务器。Server =(local),指定连接的数据库服务器是在本地。如果连接的是远端数据库服务器,Server 参数可以写成 Server=IP 或 Server=远程计算机名的形式。Server 参数也可以写成 Data Source,比如 Data Source=IP。

(3) DataBase 参数。DataBase 参数用来指定连接的数据库名。DataBase 参数也可以写成 Initial Catalog,如 Initial Catalog=Master。

(4) Uid 参数和 Pwd 参数。Uid 参数用来指定登录数据源的用户名,也可以写成 UserID。比如 Uid(User ID)=sa,说明登录用户名是 sa。Pwd 参数用来指定连接数据源的密码,也可以写成 Password。比如 Pwd(Password)=abc,说明登录密码是 abc。

(5) ConnectionTimeout 参数。该参数用来设置打开数据库时的最大等待时间(以秒为单位)。如果不设置此参数,默认是 15 秒。如果设置成 -1,表示无限期等待。

(6) Integrated Security 参数。Integrated Security 参数用来说明登录到数据源时是否使用 SQL Server 的集成安全验证。如果该参数的取值是 True(或 SSPI,或 Yes),表示登录到 SQL Server 时使用 Windows 验证模式,即不需要通过 Uid 和 Pwd 这样的方式登录。如果取值是 False(或 No),表示登录 SQL Server 时使用 Uid 和 Pwd 方式登录。一般来说,使用集成安全验证的登录方式比较安全,因为这种方式不会暴露用户名和密码。

例如:本节任务中的连接字符串的值为 "Provider=Microsoft.Jet.OleDb.4.0; Data Source= Server.MapPath("")\\yh.accdb",表示数据源的种类是 Microsoft.Jet.OleDB.4.0,数据源是服务器当前目录下的 yh.accdb Access 数据库,用户名和密码均无。

2. Connection 对象方法

Connection 对象的主要方法如下:

(1) Open。打开一个数据库连接。

(2) Close。关闭数据库连接。

3. Connection 对象的运用

Connection 对象连接数据库的步骤如下:

（1）定义连接字符串

String connectionstring = "Provider=Microsoft. ACE. OleDb. 12.0; " + "Data Source= " + Server.MapPath("") + "\\学籍管理系统 .accdb";

（2）创建 Connection 对象

OleDbConnection objconnection = new OleDbConnection(connectionstring);

（3）打开与数据库的连接

Objconnection.open();

7.3.5　Command 对象

Command 对象定义了将对数据源执行的指定命令,如查询、插入、更新和删除等命令操作数据库。

1. Command 对象的属性

它的主要属性如下:

（1）Connection。指定 Command 对象使用的 Connection 对象的名称。例如:

tjcom.Connection = con;　//设置 tjcom 的 Connection 属性值

（2）CommandText。设置要对数据源执行的 SQL 语句或存储过程。例如:

tjcom.CommandText = sql_tj;　//设置 tjcom 的 CommandText 属性值

2. Command 对象的方法

当 Command 对象的属性设置好之后,可以调用 Command 对象的方法来对数据库中的数据进行处理。它的常用方法如下:

（1）ExecuteNonQuery。执行 SQL 语句并返回受影响的行数。

（2）ExecuteReader。执行返回数据集的 SELECT 语句,返回 DataReader 对象。

（3）ExecuteScalar。执行查询,并返回查询所返回的结果集中第 1 行的第 1 列。

3. Command 对象的运用

Command 对象的使用语法如下:

OleDbCommand 对象名=new OleDbCommand();

对象名 .connection=数据库连接;

对象名 .CommandText=Sql 语句;

7.3.6　用户控件

用户控件由一个含有控件标签的界面部分(.ascx 文件)以及嵌入脚本或一个在后台的 cs 文件组成。用户控件几乎可以包括所有的内容(HTML,ASP.NET 控件),还可接收 Page 对象的事件(例如 Load 和 PreRender),并通过属性公开一组相同的 ASP.NET 固有的对象(如 Application、Session、Request、Response)。

1. 创建简单的用户控件

用户控件是一个分部类。它会和 ASP.NET 自动生成的独立部分合并。要测试用户控件，必须把它放入一个 Web 窗体上。通过 Register 指令告诉 ASP.NET 你要使用一个用户控件：

<%@ Register Src="Header.ascx" TagName="Header" TagPrefix="apress" %>

2. 把页面转换为用户控件

其实，开发用户控件最快捷的方式是把它先放到一个网页里，测试后再把它转换为一个用户控件。即使不采用这种开发方式，你仍然可能需要把用户界面的某部分提取出来并在多个地方重复利用。

大体上，这就是一个剪切–粘贴的操作，不过应该注意以下几点：

（1）删除所有<html>、<head>、<body>、<form>标签。（在一个页面里这些标签只能出现一次）。

（2）将页面的 Page 指令更改为 Control 指令，并去除 Control 指令不支持的那些特性。

（3）如果没有使用代码隐藏模型，记住在 Control 指令中包含 ClassName 特性（这样控件就是强类型的，可以访问到控件的属性和方法）。

（4）如果正在使用代码隐藏模型，就需要修改代码隐藏类以便它从 UserControl 而不是 Page 继承。

（5）把文件扩展名从 .aspx 更改为 .ascx。

3. 动态加载用户控件

除了在页面注册用户控件类型并添加相应的控件标签把用户控件添加到页面上，还可以动态地创建用户控件，需要做以下这些事情：

在 Page.Load 事件发生时添加用户控件（这样用户控件可以正确重置它的状态并接收回发事件）。使用容器控件和 PlaceHolder 控件来确保用户控件在你希望的位置结束。

设置 ID 属性给用户控件一个唯一的名称。在需要的时候可以借助 Page.FindControl() 获取对控件的引用。普通控件可以直接创建，而用户控件不可以直接创建（因为用户控件并非完全基于代码，它们还需要 .ascx 文件里定义的控件标签，ASP.NET 必须处理这个文件并初始化相应的子控件对象）。

必须调用 Page.LoadControl() 并传递 .ascx 文件名，此方法返回一个 UserControl 对象，可以把它添加到页面上并把它转换为特定类型。

```
protected void Page_Load(object sender, EventArgs e)
{
    TimeDisplay ctrl = Page.LoadControl("TimeDisplay.ascx") as TimeDisplay;
    PlaceHolder1.Controls.Add(ctrl);
}
```

习　题

1. 选择题

（1）现在需要验证某个TextBox控件的输入数据是否大于0,应使用的验证控件是（　　）。

    A. CompareValidator

    B. ReauiredFieldValidator 与 RequiredFieldValidator

    C. RangeValidator

    D. RangeValidator 与 RequiredFieldValidator

（2）现在需要验证某个TextBox控件输入的年龄是否大于18且小于65,此时应该使用的验证控件是（　　）。

    A. RangeValidator

    B. CompareValidator 与 ReauiredFieldValidator

    C. CompareValidator

    D. RangeValidator 与 RequiredFieldValidator

（3）要对输入的数据进行检查,以下（　　）情况需要使用正则表达式验证控件。

    A. 输入数值大于1、小于42

    B. 输入数值不能为空

    C. 检查身份证、电子邮件地址

    D. 比较两次输入的密码是否相同

（4）在数据验证控件中,ValidatorSummary验证控件的作用是（　　）。

    A. 检查总和数

    B. 集中显示各个验证的结果

    C. 判断有无超出范围

    D. 检查数值的大小

（5）下列关于数据验证控件的说法不正确的是（　　）。

    A. 必填验证控件只能检查输入信息是否为空

    B. 比较验证控件可以进行输入数据的类型检查

    C. 范围验证控件需要使用Minimum和Maximum属性设置范围

    D. 规则验证控件需要使用ValidationExpression属性设置文本格式

（6）下列关于数据验证控件的说法不正确的是（　　）。

    A. 在设计阶段必须将各个验证控件的ContrlToValidate属性指向被验证的控件

    B. 除必填验证控件以外,其他验证控件都将被检查对象为空认为是合法的输入

C. 比较验证控件可用来与某个常量比较,也可用来与另外某个控件的输入进行比较

D. 数据验证控件的提示信息显示位置可由Display属性设置

(7) 下列关于IsValid的说法不正确的是(　　)。

A. IsValid是Web页面的属性

B. IsValid是数据验证控件的属性

C. IsValid可用于判断页面表单中提交的数据是否通过验证

D. IsValid用于判断页面中的表单是否可以操作

(8) 下列关于用户验证控件的说法不正确的是(　　)。

A. 用户验证控件可以根据需要通过程序进行数据检查

B. 用户验证控件只能在服务器端进行数据检查

C. 用户验证控件可以不设定ContrlToValidate属性

D. 用户验证控件可以在客户端完成数据检查

(9) 下列ADO.NET的组件中,(　　)实现对数据源的数据操作功能。

A. Connection对象　　　　　　　B. Command对象

C. DataAdapter对象　　　　　　D. DataSet对象

2. 操作题

(1) 完成本任务的设计与开发。

(2) 完成本任务的动态页面加载。

任务8 数据分页

8.1 任务描述

该任务设计以分页形式显示学生信息,具体效果如图8.1所示。

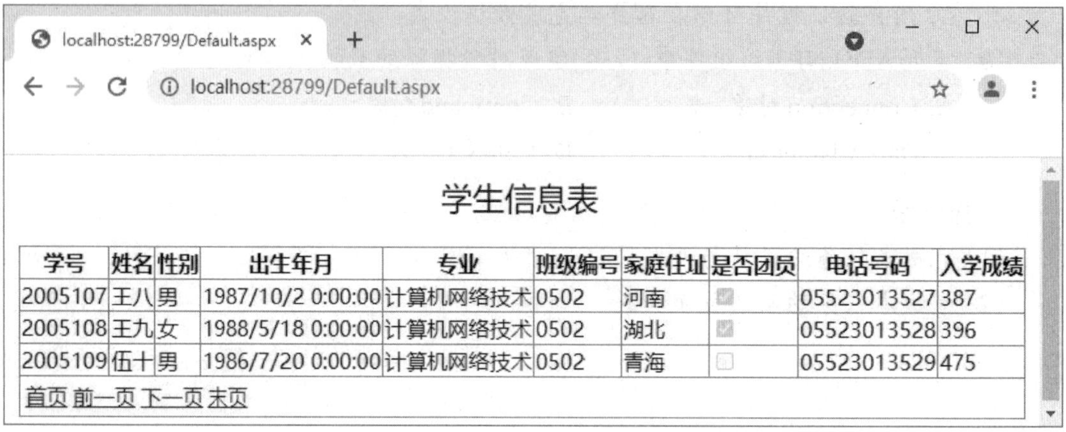

图8.1 学生信息表

8.2 操作步骤

8.2.1 建立站点

启动 Microsoft Visual Studio 2010应用程序。选择"文件"→"新建"→"ASP.NET 空网站",创建名为"ch08"的文件夹。在网站根目录单击鼠标右键,选择"添加新项",弹出"添加新项"对话框,命名为Default.aspx。

8.2.2 设计窗体

打开 Default.aspx 文件,单击窗口左下角的"设计"按钮,向窗口中插入 Label 控件,命名为lb_bt,再插入 GridView 控件,命名为 stu_table,控件属性设置如表8.1所示。

表8.1 控件属性设置

控件名		属性名称	属性值
Label1	Font	ID	Label1
		Size	18
		Text	学生信息表
Stu_table	PageSettings	AllowPaging	True
		ID	stu_table
		HorizontalAlign	Center
		FirstPageText	首 页
		LastPageText	末 页
		Mode	NextPreviousFirstLast
		NextPageText	下一页
		PreviousPageText	前一页
		PageSize	3

8.2.3 添加代码

打开 Default.aspx 文件的 cs 文件,首先在命名空间中添加"using System.Data.OleDB;",在 page 类库中输入如下代码:

```
public void BindGrid()
    {
        OleDbConnection conn = new OleDbConnection("Provider=Microsoft.Jet.OleDb.4.0;"
+ "Data Source=" + Server.MapPath("") + "\\学籍管理系统 .accdb");
        conn.Open();//建立连接并打开
        OleDbCommand mycom = new OleDbCommand("select * from 学生",conn);//建立
command对象
        OleDbDataAdapter dat = new OleDbDataAdapter();//定义 DataAdapter 对象
        dat.SelectCommand = mycom;
        DataSet ds = new DataSet();//定义 DataSet 对象
        dat.Fill(ds,"studentx");
        stu_table.DataSource = ds.Tables["studentx"].DefaultView;//设置控件数据源
        stu_table.DataBind();//数据绑定
    }
```

在页面加载过程中添加如下代码:

```
    protected void Page_Load(object sender,EventArgs e)
    {
        BindGrid();
    }
```

在 stu_table 控件的 PageIndexChanging 事件中添加如下代码:

```
protected void stu_table_PageIndexChanging(object sender, GridViewPageEventArgs e)
{
    int startIndex;
    startIndex = stu_table.PageIndex * stu_table.PageSize;
    stu_table.PageIndex = e.NewPageIndex;
    BindGrid();
}
```

8.2.4 运行

单击工具栏启动调试按钮"▶"运行应用程序,如图8.1所示效果。

8.3 知识链接

8.3.1 DataReader 对象

DataReader对象是一个简单的数据集,用于从数据源中检索只读数据集,常用于检索大量数据。DataReader对象通过Command对象的ExecuteReader方法从数据源中检索数据,并且它每次只在内存缓存中存储一条检索数据,因此它是连接式数据访问,DataReader对象在访问数据库时,要求一直连在数据库上,因此对数据库的连接负载带来压力。它的常用属性和方法及说明如表8.2和表8.3所示。

表8.2　DataReader对象常用属性及说明

属　　性	描　　述
FieldCount	获取当前记录行的列数
HasMoreResults	表示是否有多个结果
HasMoreRows	只读,表示是否还有数据未读取
IsClosed	只读,表示DataReader是否关闭
Item	只读,本对象是集合对象,以键值或索引值的方式取得记录中某个字段的数据
RowFetchCount	用来设定一次取回多少条记录

表8.3　DataReader对象常用方法及说明

方　　法	描　　述
Close()	将DataReader对象关闭
GetDataTypeName()	取得指定字段的数据类型
GetName()	取得指定字段的字段名称
GetOrdinal()	取得指定字段名称在记录中的顺序
GetValue()	取得指定字段的数据
GetValues()	取得指定字段的全部数据
IsNull()	用来判断字段内是否为Null值

续表

方　　法	描　　述
NextResult()	用来和SQL Script搭配使用，表示取得下一个结果
Read()	让记录指针读取下一条记录，成功则返回True，否则返回False

例如：

String connectionstring = "Provider=Microsoft.ACE.OleDb.12.0;" + "Data Source=" + Server.MapPath("") + "\\学籍管理系统.accdb";

OleDbConnection objconnection = new OleDbConnection(connectionstring);//数据连接

objconnection.Open();//打开数据连接

OleDbCommand mycommand = new OleDbCommand("select * from 学生", objconnection);

OleDbDataReader rd=mycommand.ExecuteReader();//执行命令

stu_table.DataSource = rd;

stu_table.DataBind();//数据绑定

8.3.2　DataAdapter 对象

DataAdapter表示一组 SQL 命令和一个数据库连接，它们用于填充 DataSet 和更新数据源。DataAdapter 对象是 ADO.NET 数据提供程序的组成部分，它是 DataSet 和数据源之间数据交换的桥梁，通过 Fill() 方法向 DataSet 填充数据，通过 Update() 方法向数据库更新 DataSet 对象中的变化。这些操作实际上是由 DataAdapter 对象包含的 Select、Update、Insert、Delete 四种 Command 命令对象实现的。

1. DataAdapter 对象的属性

DataAdapter 对象的常用属性及说明如表 8.4 所示。

表8.4　DataAdapter对象的常用属性及说明

属　　性	描　　述
SelectCommand	指定一个 Command 对象，用来执行查询操作，从数据库中获取数据
InsertCommand	指定一个 Command 对象，用来执行添加操作，在数据库中添加数据
UpdateCommand	指定一个 Command 对象，用来执行修改操作，在数据库中修改数据
DeleteCommand	指定一个 Command 对象，用来执行删除操作，在数据库中删除数据

2. DataAdapter 对象的方法

DataAdapter 对象的常用方法及说明如表 8.5 所示。

表8.5　DataAdapter对象的常用方法及说明

方　　法	描　　述
Fill()	将从数据库中获取到的数据填充到数据集中
Update()	将数据集中的更改提交给数据库，使数据集与数据库保持同步更新

3. DataAdapter 对象的运用

DataAdapter 对象的使用语法如下：

（1）创建 OleDbDataAdapter 对象

OleDbDataAdapter 对象名=new OleDbDataAdapter(查询用 SQL 语句,数据库连接);

（2）填充 DataSet

DataAdapter 对象.Fill(数据集对象,"数据表名称字符串");

8.3.3　DataSet 对象

DataSet(数据集)对象是 ADO.NET 的核心构件之一,它是数据的内存主流表示形式,提供了独立于数据源的一致关系编程模型。

1. DataSet 对象的组成

DataSet 表示整个数据集,其中包括表、约束和表与表之间的关系。DataSet 主要由 DataRelationCollection(数据关系集合)、DataTableCollection(数据表集合)和 ExtendedProperties 对象组成。其中最基本、也是最常用的是 DataTableCollection。DataSet 结构图如图 8.2 所示。

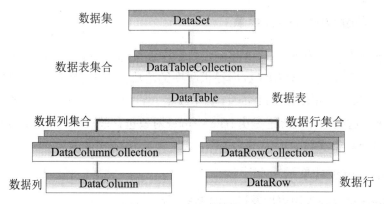

图 8.2　DataSet 的结构图

（1）DataRelationCollection。DataRelationCollection 对象用于表示 DataSet 中两个 DataTable 对象之间的父子关系,它使一个 DataTable 中的行与另一个 DataTable 中的行相关联,这种关联类似于关系数据库中数据表之间的主键列和外键列之间的关联。

（2）DataTableCollection。DataTableCollection 对象包含了 DataSet 对象中的所有 DataTable 对象。DataTable 在 System.Data 命名空间中定义,表示内存驻留数据的单个表。其中包含 DataColumnCollection 表示的数据列集合、DataRowCollection 表示的数据行集合和 DataView 表示的数据视图对象。

（3）ExtendedProperties。ExtendedProperties 对象是一个属性集合(PropertyCollection),用户可以在其中放入自定义的信息,如用于产生结果集的 Select 语句、生成数据的时间/日期标志等。

2. DataSet 对象属性

DataSet 对象的常用属性如下:

（1）DataSetName。获取或设置当前 DataSet 的名称。

（2）Tables。获取包含在 DataSet 中的表的集合。

3. DataSet 对象方法

DataSet 对象的常用方法及说明如表8.6所示。

表8.6　DataSet对象的常用方法及说明

名　　称	说　　明
Clear()	通过移除所有表中的所有行来清除任何数据的 DataSet
Clone()	复制 DataSet 的结构,包括所有 DataTable 架构、关系和约束。不复制任何数据
Copy()	复制该 DataSet 的结构和数据
CreateDataReader()	为每个 DataTable 返回带有一个结果集的 DataTableReader,顺序与 Tables 集合中表的显示顺序相同
AcceptChanges()	提交自加载此 DataSet 或上次调用 AcceptChanges 以来对其进行的所有更改
HasChanges()	获取一个值,该值指示 DataSet 是否有更改,包括新增行、已删除的行或已修改的行
Merge()	将指定的 DataSet、DataTable 或 DataRow 对象的数组合并到当前的 DataSet 或 DataTable 中

4. DataSet 对象的运用

创建数据集对象的语法格式如下:

DataSet 数据集对象名 = new DataSet();

或

DataSet 数据集对象名 = new DataSet("数据集的名称字符串");

//创建一个 DataSet 可以指定一个数据集名称,如果不指定名称,则默认被设为 NewDataSet

例如:

DataSet dataset=new DataSet("myschool");//myschool 为数据集名称

DataSet 的具体使用方法如下:

String connectionstring = "Provider=Microsoft. ACE. OleDb. 12.0; " + "Data Source= " + Server.MapPath("") + "\\学籍管理系统 .accdb";

OleDbConnection objconnection = new OleDbConnection(connectionstring);//数据连接

objconnection.Open();//打开数据连接

OleDbCommand mycomm = new OleDbCommand("select * from 学生", objconnection);

OleDbDataAdapter dat = new OleDbDataAdapter();　//定义 DataAdapter 变量

dat.SelectCommand = mycomm;　 //设置 dataadapter 变量的属性

DataSet set = new DataSet(); //定义 DataSet 对象实例

dat.Fill(set,"studentx");　//填充数据至数据集 set 中

stu_table.DataSource = set.Tables["studentx"].DefaultView; //设置 stu_table 控件的数据源

stu_table.DataBind();　//数据绑定

8.3.4　DataTable 对象

DataTable 对象是驻留在内存中数据的一个表,利用 DataTable 对象的属性和方法可以对

DataTable对象中存储的数据信息进行访问,它主要由行集合(DataRow对象)和列集合(Data-Column对象)组成。DataTable对象的主要属性和方法及说明如表8.7和表8.8所示。

表8.7　DataTable对象的主要属性及说明

属　　性	描　　述
DefaultView	获取表的默认视图
TableName	返回每个表名
Columns	返回表所包含的所有列
Rows	返回表所包含的所有行
DataSet	获取此表所属的 DataSet

其中的 Rows 属性用来表示该 DataTable 的 DataRow 对象的集合。用户通过此属性访问DataTable里的每条记录。该属性有如下方法:

(1)Add。把DataTable的AddRow方法创建的行追加到末尾。

(2)InsertAt。把DataTable的AddRow方法创建的行追加到索引号指定的位置。

(3)Remove。删除指定的DataRow对象,并从物理上把数据源里的对应数据删除。

(4)RemoveAt。根据索引号,直接删除数据。

表8.8　DataTable对象的主要方法及说明

方　　法	描　　述
NewRow()	创建与该表具有相同架构的新 DataRow
Select()	获取所有 DataRow 对象的数组
Merge()	将指定的 DataTable 与当前的 DataTable 合并
Load()	通过所提供的 IDataReader,用某个数据源的值填充 DataTable。如果 DataTable 已经包含行,则将从数据源传入的数据与现有的行合并
Reset()	重置 DataTabl 对象
Clear()	清除 DataTable 里的数据

8.3.5　DataColumn 对象和 DataRow 对象

在 DataTable 里,用 DataColumn 对象来描述对应数据表的字段,用 DataRow 对象来描述对应数据库的记录。DataTable 对象读取列的语法如下:

DataTable.Table["TableName"].Column[columnName]

DataColumn对象的常用属性如下:

(1)Caption属性。用来获取和设置列的标题。

(2)ColumnName属性。用来描述该DataColumn在DataColumnCollection中的名字。

(3)DataType属性。用来描述存储在该列中数据的类型。

DataRow 对象的重要属性有 RowState 属性,用来表示该 DataRow 是否被修改和修改的方式。RowState 属性可以取的值有 Added、Deleted、Modified 或 Unchanged。

DataRow对象的重要方法及说明如表8.9所示。

表8.9　DataRow对象的重要方法及说明

方　　法	描　　述
Delete()	删除当前的DataRow对象
AcceptChanges()	向数据库提交上次执行AcceptChanges方法后对该行的所有修改
BeginEdit()	对DataRow对象开始编辑操作
CancelEdit()	取消对当前DataRow对象的编辑操作
EndEdit()	终止对当前DataRow对象的编辑操作

例如下面任务利用DataTable、DataColumn和DataRow对象进行数据库操作。

```
private  void DemonstrateRowBeginEdit( )
{
//创建 DataTable 对象
DataTable table=new DataTable("table1");
//创建 DataColumn 对象,并设置其属性为Int32类型
DataColumn column=new DataColumn("col1",Type.GetType(" System.Int32" ));
// 添加 Column 到 dataTable 中
table.Columns.Add(column);
//使用for循环,创建5个DataRow对象并添加到DataTable中
DataRow newRow;
for(int i=0; i<5; i++)
{
   // RowChanged event will occur for every addition
   newRow=table.NewRow();
   newRow[0]=i;
   table.Rows.Add(newRow);
}
//使用dataTable的AcceptChanges方法,将更改提交到数据库中
table.AcceptChanges();
//开始操作 DataRow 中的每个对象
foreach(DataRow row in table.Rows)
{
   //使用BeginEdit方法开始操作
   row.BeginEdit();
   row[0]=(int) row[0]+10;
}
table.Rows[0].BeginEdit();
table.Rows[1].BeginEdit();
table.Rows[0][0]=100;
table.Rows[1][0]=100;
```

```
try
{
    //终止对DataRow对象进行操作
    table.Rows[0].EndEdit();
    table.Rows[1].EndEdit();
}
catch(Exception e)
{
    //出错处理
     Console.WriteLine(" Exception of type {0} occurred. " ,e.GetType() );
}
}
```

8.3.6　Web.Config 文件

Web.config文件是一个XML文本文件,用来储存ASP.NETWeb 应用程序的配置信息(如最常用的设置ASP.NETWeb 应用程序的身份验证方式),可以出现在应用程序的每一个目录中。当你通过.NET新建一个Web应用程序后,默认情况下会在根目录自动创建一个默认的Web.config文件,包括默认的配置设置,所有的子目录都继承它的配置设置。如果你想修改子目录的配置设置,可以在该子目录下新建一个Web.config文件。它可以提供除从父目录继承的配置信息以外的配置信息,也可以重写或修改父目录中定义的设置。

1. Web.Config 配置内容

Web.Config是以XML文件规范存储的,配置文件包括以下内容:

(1) 配置节处理程序声明。特点:位于配置文件的顶部,包含在<configSections>标志中。

(2) 特定应用程序配置。特点:位于<appSetting>中。可以定义应用程序的全局常量设置等信息。

(3) 配置节设置。特点:位于<system.Web>节中,控制Asp.net运行时的行为。

(4) 配置节组。特点:用<sectionGroup>标记,可以自定义分组,可以放到<configSections>内部或其他<sectionGroup>标记的内部。

2. 配置节

(1) <authentication>节

作用:配置 ASP.NET 身份验证支持(为 Windows、Forms、PassPort、None 四种)。该元素只能在计算机、站点或应用程序级别声明。<authentication>元素必须与<authorization> 节配合使用。

例如,下例为基于窗体(Forms)的身份验证配置站点,当没有登录的用户访问需要身份验证的网页时,网页自动跳转到登录网页。

<authentication mode="Forms" >

```
<forms loginUrl="logon.aspx" name=".FormsAuthCookie"/>
</authentication>
```

其中元素 loginUrl 表示登录网页的名称，name 表示 Cookie 名称。

（2）<authorization>节

作用：控制对 URL 资源的客户端访问（如允许匿名用户访问）。此元素可以在任何级别（计算机、站点、应用程序、子目录或页）上声明。必须与<authentication>节配合使用。

例如，以下任务禁止匿名用户的访问：

```
<authorization>
    <deny users="?"/>
</authorization>
```

注：你可以使用 user.identity.name 来获取已经过验证的当前的用户名；可以使用 web.Security.FormsAuthentication.RedirectFromLoginPage 方法将已验证的用户重定向到用户刚才请求的页面。

（3）<compilation>节

作用：配置 ASP.NET 使用的所有编译设置。默认的 debug 属性为"True"。在程序编译完成交付使用之后应将其设为 False。

（4）<customErrors>节

作用：为 ASP.NET 应用程序提供有关自定义错误信息的信息。它不适用于 XML Web services 中发生的错误。

例如，当发生错误时，将网页跳转到自定义的错误页面。

```
<customErrors defaultRedirect="ErrorPage.aspx" mode="RemoteOnly">
</customErrors>
```

其中元素 defaultRedirect 表示自定义的错误网页的名称。mode 元素表示对不在本地 Web 服务器上运行的用户显示自定义信息。

（5）<httpRuntime>节

作用：配置 ASP.NET HTTP 运行库设置。该节可以在计算机、站点、应用程序和子目录级别声明。

例如，控制用户上传文件最大为 4M，最长时间为 60 秒，最多请求数为 100。

```
<httpRuntime maxRequestLength="4096" executionTimeout="60" appRequestQueueLimit="100"/>
```

（6）<pages>节

作用：标识特定于页的配置设置（如是否启用会话状态、视图状态，是否检测用户的输入等）。<pages>可以在计算机、站点、应用程序和子目录级别声明。

例如，不检测用户在浏览器输入的内容中是否存在潜在的危险数据，在从客户端回发时将检查加密的视图状态，以验证视图状态是否已在客户端被篡改。

```
<pages buffer="true" enableViewStateMac="true" validateRequest="false"/>
```

（7）<sessionState>节

作用：为当前应用程序配置会话状态（如设置是否启用会话状态，会话状态保存位置）。

例如：

<sessionState mode="InProc" cookieless="true" timeout="21"/>

</sessionState>

注：mode="InProc"，表示在本地储存会话状态；cookieless="true"，表示如果用户浏览器不支持Cookie时启用会话状态(默认为False)；timeout="21"，表示会话可以处于空闲状态的分钟数。

（8）<trace>节

作用：配置 ASP.NET 跟踪服务，主要用于程序测试判断哪里出错。

例如，以下为Web.config 中的默认配置：

<trace enabled="false" requestLimit="10" pageOutput="false" traceMode="SortByTime" localOnly="true" />

其中 enabled="false" 表示不启用跟踪；requestLimit="10"表示指定在服务器上存储的跟踪请求的数目；pageOutput="false"表示只能通过跟踪实用工具访问跟踪输出；traceMode="SortByTime"表示以处理跟踪的顺序来显示跟踪信息；localOnly="true" 表示跟踪查看器(trace.axd) 只用于宿主Web 服务器。

自定义 Web.config 文件配置节过程分为两步：

第一步：在配置文件顶部<configSections>和</configSections>标记之间声明配置节的名称和处理该节中配置数据的.NET Framework 类的名称。

第二步：在<configSections>区域之后为声明的节做实际的配置设置。

例如，创建一个节存储数据库连接字符串。

<configuration>

  <configSections>

  <section name="appSettings" type="System.Configuration.NameValueFileSectionHandler,
System, Version=1.0.3300.0, Culture=neutral, PublicKeyToken=b77a5c561934e089"/>

  </configSections>

  <appSettings>

   <add key="scon" value="server=a;database=northwind;uid=sa;pwd=123"/>

  </appSettings>

  <system.web>

    ......

  </system.web>

</configuration>

访问 Web.config 文件可以通过使用ConfigurationSettings.AppSettings 静态字符串集合来访问 Web.config 文件。

例如，获取上面例子中建立的连接字符串。

protected static string Isdebug = ConfigurationSettings.AppSettings["debug"]

8.3.7　Web.config 的数据库配置

在网站开发中,数据库操作是经常要用到的操作,ASP.NET 中一般做法是在 web.config 中配置数据库连接代码,然后在程序中调用数据库连接代码,这样做的优点在于当数据库连接代码需要改变的时候,我们只需修改 web.config 中的数据库连接代码即可,而不必再修改每一个页面中的数据库连接代码。

在 ASP.NET 中有两种配置数据库连接代码的方式,它们分别是 appSettings 和 connectionStrings。在使用 appSettings 和 connectionStrings 配置数据库连接代码时,可分别在 <configuration> 下添加如下代码:

1. appSettings

```
<appSettings>
<add key="conn" value="server=服务器名;database=数据库名;uid=用户名;password=密码;"/>
</appSettings>
```

写在 appSettings 中用 System.Configuration.ConfigurationManager.AppSettings["keyname"] 获取数据库连接代码值。

例如 Web.Config 文件:

```
<configuration>
 <appSettings >
   <add key="ConnectionString" value="Provider=Microsoft.ACE.OleDb.12.0;Data Source=|DataDirectory|学籍管理系统.accdb"/>
 </appSettings>
 ..
</configuration>
```

调用文件代码如下:

```
string  strConn = System. Configuration. ConfigurationManager. AppSettings["ConnectionString"];
OleDbConnection conn = new OleDbConnection(strConn);
    conn.Open();
    OleDbCommand mycom = new OleDbCommand("select * from 学生 ",conn);
    GridView1.DataSource = mycom.ExecuteReader();
    GridView1.DataBind();
```

2. connectionStrings

```
<connectionStrings>
<add name="conn"   connectionString="Dserver=服务器名;database=数据库名;uid=用户名;password=密码" providerName="System.Data.SqlClient" />
```

</connectionStrings>

写在 connectionStrings 中用 System.Configuration.ConfigurationManager.ConnectionStrings ["name"]获取数据库连接代码值。

使用 connectionStrings 的优点如下:

(1) 可将连接字符串加密,使用 MS 的一个加密工具即可;

(2) 可直接绑定数据源控件,而不必写代码读出来再赋值给控件;

(3) 可方便地更换数据库平台,如换为 Oracle 数据库,只需要修改 providerName。

习　题

1. 选择题

(1) ADO.NET 数据访问技术的一个突出优点是支持离线访问,(　　)对象是实现离线访问技术的核心。

  A. DataAdapter   B. DataSet

  B. DataView   D. Connection

(2) 在使用 ADO.NET 设计数据库应用程序时,可通过设置 Connection 对象的(　　)属性来指定连接到数据库时的用户名和密码信息。

  A. ConnectionString   B. DataSource

  C. UserInformation   D. Provider

(3) ADO.NET 中用于从数据源中获取仅转发的、只读的数据的对象是(　　)。

  A. Command 对象   B. Connection 对象

  C. DataReader 对象   D. DataRow 对象

(4) DataAdapter 对象使用与(　　)属性关联的 Command 对象将 DataSet 修改的数据保存入数据源。

  A. SelectCommand   B. InsertCommand

  C. UpdateCommand   D. DeleteCommand

(5) 包含在 DataSet 集合中的集合是(　　)。

  A. Tables 集合   B. Columns 集合

  C. Rows 集合   D. Parameters 集合

(6) 下列哪种情况下,应该在程序中使用 DataAdapter 对象?(　　)

  A. 查询某种信息,并保存到 XML 文件中

  B. 从数据库检索信息,修改后再保存回数据库

  C. 对 SQL Server 2100 数据库中的所有数据进行备份

  D. 根据用户输入的查询条件,从数据库搜索所有匹配信息,将其以 HTML 发布到网站页面中

（7）Employee是SQL Server 2100数据库中的一个数据表。为执行"Select * from Employee;"SQL语句从表中检索数据,应使用Command对象的(　　)方法。

　　A. ExecuteScalar　　　　　　　B. ExecuteXMLReader

　　C. ExecuteReader　　　　　　　D. ExecuteNonQuery

（8）在ADO.Net中,为访问Datatable对象从数据源提取的数据行,可使用Datatable对象的(　　)属性。

　　A. Rows　　　B. Columns　　　C. Constraints　　　D. Dataset

（9）下列哪个SQL语句属于DDL语句(数据定义语句)?(　　)

　　A. Creat　　　B. Select　　　　C. Grant　　　　D. Insert

（10）Dataset对象的Merge方法用于(　　)。

　　A. 将两个Dataset中的数据和架构合并到一个Dataset中

　　B. 将两个DataTable中的行合并到一个DataTable中

　　C. 向数据源提交修改

　　D. 从数据源提取数据

2. 操作题

完成本任务的设计与开发。

任务9 数据维护

9.1 任务描述

本任务利用数据向导设计窗体实现数据维护功能,如对数据库中的数据进行编辑、删除和添加操作,具体效果如图9.1、图9.2和图9.3所示。

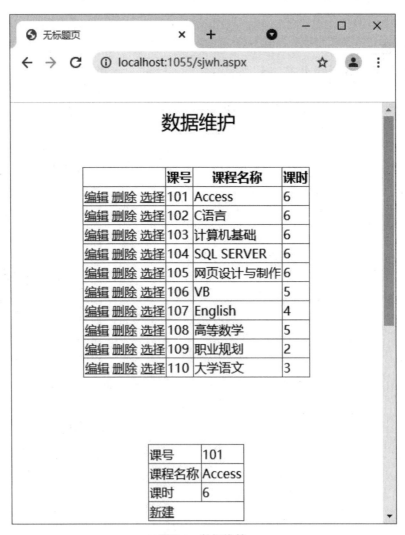

图9.1 数据维护

图9.2 更新数据

图9.3 插入数据

9.2 操作步骤

9.2.1 启动 Microsoft Visual Studio 应用程序

选择"开始"→"程序"→"Microsoft Visual Studio",打开应用程序主窗口。

9.2.2 创建网站

选择"文件"→"新建"→"项目",打开"新建项目"对话框,选择"ASP.NET Web 应用程序(.NET Framework)",单击下一步,在"位置"下拉列表框中选择相应位置,创建项目名称为"ch09"的 ASP.NET Web 应用程序(.NET Framework),选择空,单击"创建",创建空的 ASP.NET Web 应用程序(.NET Framework)。

9.2.3 添加数据库

在"解决方案资源管理器"中的 App_Data 文件夹中单击鼠标右键,选择"添加现有项",将"学籍管理系统.accdb"添加到该文件夹中。

9.2.4 设计窗体

在"解决方案资源管理器"根目录上单击鼠标右键,选择"添加新项",创建 sjwh.aspx 窗体文件。打开 sjwh.aspx 的设计视图,设置光标居中,添加 Label1 控件,设置 Text 值为"数据维护",设置 Font/size 值为 X-large。再向页面中插入"GridView"控件,弹出"GridView 任务"菜单,在"选择数据源"下拉列表中选择"新建数据源",弹出"数据源配置向导"窗口,选择"Access 数据库",单击"确定"按钮,弹出"配置数据源"窗口,选择数据库,单击"浏览"按钮,弹出"选择 Microsoft Access 数据库"窗口,选择 App_Data 文件夹中的"学籍管理系统.accdb"数据库,单击"确定"按钮,开始配置 Select 语句,具体配置如图 9.4 所示,单击该图中的"高级"按钮,弹出"高级 SQL 生成选项",如图 9.5 所示,选择第一项"生成 INSERT、UPDATE、DELETE 语句",单击"下一步",完成数据源配置。单击"GridView1"右上角的黑色三角形,勾选"启用分页""启用编辑""启用删除"和"启用选定内容"四项。再向页面中插入"DetailsView 控件",设置它的数据源和 GridView1 相同的 AccessDataSource1,单击"DetailsView1"右上角的黑色三角形,勾选"启用插入"项。

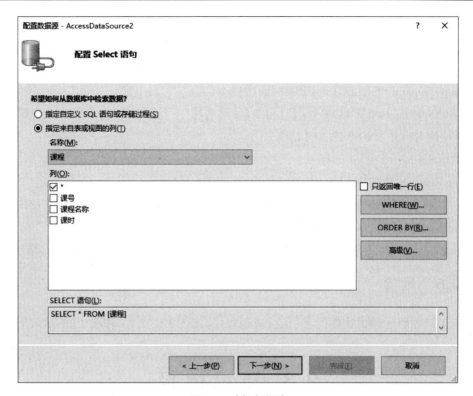

图9.4　选择数据表

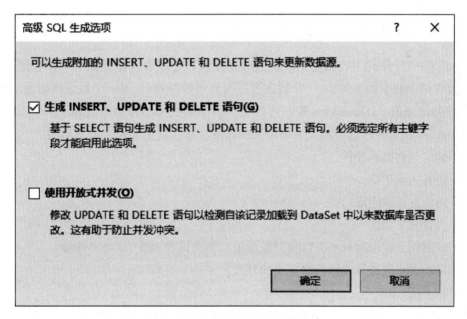

图9.5　"高级SQL生成选项"设置

9.2.5　修改代码

在sjwh.aspx页面的"源"视图中对以下错误代码进行修改。

错误代码：

DeleteCommand="DELETE FROM [课程] WHERE (([课号] = ?) OR ([课号] IS NULL AND ? IS NULL))";

InsertCommand="INSERT INTO [课程] ([课号],[课程名称],[课时]) VALUES (?,?,?)";

SelectCommand="SELECT * FROM [课程]";

UpdateCommand="UPDATE [课程] SET [课程名称] = ?,[课时] = ? WHERE (([课号] = ?) OR ([课号] IS NULL AND ? IS NULL))";

正确代码：

DeleteCommand="DELETE FROM [课程] WHERE [课号] = ?";

InsertCommand="INSERT INTO [课程] ([课号],[课程名称],[课时]) VALUES (?,?,?)" SelectCommand="SELECT * FROM [课程]";

UpdateCommand="UPDATE [课程] SET [课程名称] = ?,[课时] = ? WHERE [课号] = ?";

9.2.6　运　行

单击工具栏启动调试按钮" ▶ "运行应用程序,如图9.1、图9.2和图9.3所示效果。

9.3　知　识　链　接

9.3.1　DetailsView 控件

DetailsView 控件的主要功能是以表格形式显示和处理来自数据源的单条数据记录,其表格只包含两个数据列。其中,一个数据列逐行显示数据列名,另一个数据列则显示与数据列名对应的详细值。DetailsView 控件可以与 GridView 控件结合运用,GridView 显示多行记录,DetailsView 用来显示选中的某一条记录的详细信息。它主要包含以下功能:

（1）绑定至数据源控件。

（2）内置插入功能。

（3）内置更新和删除功能。

（4）内置分页功能。

（5）以编程方式访问 DetailsView 对象模型以动态设置属性、处理事件等。

（6）可通过主题和样式进行自定义的外观。

（7）行字段。

DetailsView 控件中的每个数据行是通过声明一个字段控件创建的。字段控件派生自 DataControlField,表9.1给出了可以使用的不同行字段类型。

表9.1　DetailsView 列字段

列字段类型	描　　述
BoundField	以文本形式显示数据源中某个字段的值
ButtonField	在 DetailsView 控件中显示一个命令按钮

列字段类型	描　　述
CheckBoxField	在DetailsView控件中显示一个复选框
CommandField	在DetailsView控件中显示用来执行编辑、插入或删除操作的内置命令按钮
HyperLinkField	将数据源中某个字段的值显示为超链接
ImageField	在DetailsView控件中显示图像
TemplateField	根据指定的模板,为DetailsView控件中的行显示用户定义的内容

可以通过设置DetailsView控件不同部分的样式属性来自定义它的外观。具体样式属性如表9.2所示。

表9.2　DetailsView控件样式的属性

样式属性	描　　述
AlternatingRowStyle	DetailsView控件中的交替数据行的样式设置。当设置了此属性时,数据行交替使用RowStlye设置和AlternatingRowStyle设置进行显示
CommandRowStyle	DetailsView控件中包含内置命令按钮的行的样式设置
EditRowStyle	DetailsView控件处于编辑模式时数据行的样式设置
EmptyDataRowStyle	当数据源不包含任何记录时,DetailsView控件中显示的空数据行的样式设置
FooterStyle	DetailsView控件的脚注行的样式设置
HeaderStyle	DetailsView控件的标题行的样式设置
InsertRowStyle	DetailsView控件处于插入模式时数据行的样式设置
PagerStyle	DetailsView控件的页导航的样式设置
RowStyle	DetailsView控件中的数据行的样式设置。当还设置了AlternatingRowStyle属性时,数据行交替使用RowStyle设置和AlternatingRowStyle设置进行显示
FieldHeaderStyle	DetailsView控件的标题列的样式设置

DetailsView控件具有如下事件,具体功能如表9.3所示。

表9.3　DetailsView控件的事件

事　　件	描　　述
ItemCommand	当单击DetailsView控件中的按钮时发生
ItemCreated	在DetailsView控件中创建了所有DetailsViewRow对象之后发生。此事件通常用于在显示记录前修改该记录的值
ItemDeleted	在单击"删除"按钮时,但在DetailsView控件从数据源中删除该记录之后发生。此事件通常用于检查删除操作的结果
ItemDeleting	在单击"删除"按钮时,但在DetailsView控件从数据源中删除该记录之前发生。此事件通常用于取消删除操作
ItemInserted	在单击"插入"按钮时,但在DetailsView控件插入该记录之后发生。此事件通常用于检查插入操作的结果
ItemInserting	在单击"插入"按钮时,但在DetailsView控件插入该记录之前发生。此事件通常用于取消插入操作
ItemUpdated	在单击"更新"按钮时,但在DetailsView控件更新该行之后发生。此事件通常用于检查更新操作的结果
ItemUpdating	在单击"更新"按钮时,但在DetailsView控件更新该记录之前发生。此事件通常用于取消更新操作

事　件	描　　述
ModeChanged	在DetailsView控件更改模式之后发生。此事件通常用于在DetailsView控件更改模式时执行某项任务
ModeChanging	在DetailsView控件更改模式之前发生。此事件通常用于取消模式更改
PageIndexChanged	在单击某一页导航按钮时,但在DetailsView控件处理分页操作之后发生。此事件通常在用户导航到控件中的不同记录之后需要执行某项任务时使用
PageIndexChanging	在单击某一页导航按钮时,但在DetailsView控件处理分页操作之前发生。此事件通常用于取消分页操作

习　题

1. 选择题

（1）使用 GridView 控件进行编辑、更新、取消操作的时候,要用到以下哪些事件？（　　）

    A. RowEditing,RowDeleting,RowUpdated

    B. RowEditing,RowDeleted,RowUpdated

    C. RowUpdating,RowCancelingEdit,SelectedIndexChanging

    D. RowEditing,RowUpdating,RowCancelingEdit

（2）使用 GridView 进行分页的时候,指定每页大小以及允许分页,需要用到以下哪些属性？（　　）

    A. AllowPaging、PageSize   B. AllowSorting、PageSize

    C TabIndex、PageIndex   D. PageSize、PageIndex

（3）设置 GridView 主键字段的属性是（　　）。

    A. AccessKey   B. DataKeyNames

    C. Columns   D. DataSourceID

（4）设置 GridView 编辑行的索引的属性是（　　）。

    A. PageIndex   B. SelectedIndex

    C. EditIndex   D. TabIndex

（5）一次只能显示一条数据的控件是（　　）。

    A. Repeater   B. DataList

    C. GridView   D. DetailsView

（6）在设置 GridView 控件的 SqlDataSource 数据源控件的过程中,单击"高级"按钮的目的是（　　）。

    A. 打开其他窗口   B. 输入新参数

    C. 生成SQL编辑语句   D. 优化代码

（7）在配置 GridView 控件的 SqlDataSource 数据源控件的过程中,单击"高级"按钮后打开的窗口中的选项无效,这常常是因为(　　)。

　　A. 不能输入参数　　　　　　　　B. 不能返回数据

　　C. 不能优化代码　　　　　　　　D. 数据表中缺少关键字段

（8）DetailsView 控件包含多个(　　)对象。

　　A. Views　　　　　B. Columns　　　　C. Nodes　　　　D. Fields

（9）利用 GridView 和 DetailsView 显示主从表数据时,DetailsView 中插入了一条记录需要刷新 GridView,则应把 GridView 的 DataBind()方法的调用置于(　　)事件的代码中。

　　A. GridView 的 ItemInserting　　　　B. GridView 的 ItemInserted

　　C. DetailsView 的 ItemInserting　　　D. DetailsView 的 ItemInserted

2. 操作题

完成本任务的设计与开发。

任务10　设计和实现注册页面

10.1　任务描述

该任务设计一个注册界面，当用户输入合法且不重复用户名时，如图10.1所示显示注册成功；当输入不合法或重复用户名时，提示用户不合法，注册失败，如图10.2所示。

localhost:26281 显示
恭喜您注册成功!
确定

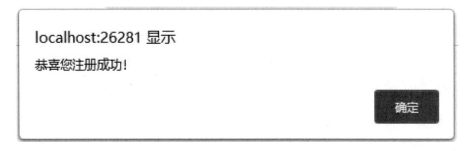

图10.1　用户注册成功

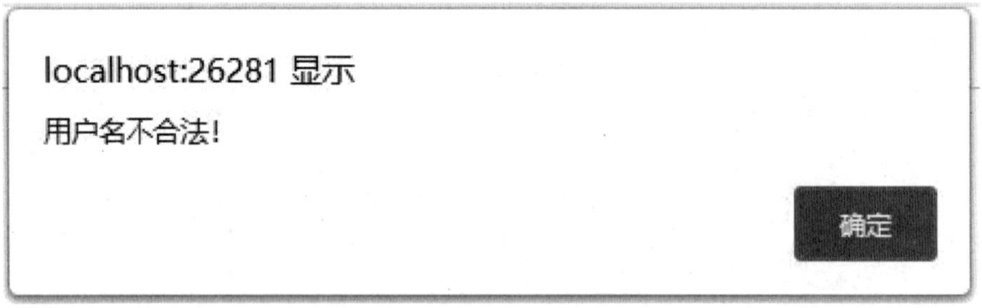
localhost:26281 显示
用户名不合法!
确定

图10.2　用户名不合法

10.2　操作步骤

10.2.1　启动 Microsoft Visual Studio 应用程序

选择"开始"→"程序"→"Microsoft Visual Studio"，打开应用程序主窗口。

10.2.2　创建网站

选择"文件"→"新建"→"项目",打开"新建项目"对话框,选择"ASP.NET Web 应用程序(.NET Framework)",单击下一步,在"位置"下拉列表框中选择相应位置,创建项目名称为"ch10"的 ASP.NET Web 应用程序(.NET Framework),选择空,单击"创建",创建空的 ASP.NET Web 应用程序(.NET Framework)。

10.2.3　设计窗体

在网站根目录单击鼠标右键,选择"添加新项",弹出"添加新项"对话框,命名为 register.aspx,双击 register.aspx 打开该文件,选择"表"→"插入表格",插入 14 行 2 列表格,设置"插入表格"对话框如图 10.3 所示。合并表格中第 1 行单元格,输入用户注册,合并表格中第 2 行单元格,依次放入 2 个 Label 控件,命名为 L1 和 L2。第 2 列 3 行单元格输入用户名,并放入 TextBox 控件、RequiredFieldValidator 控件和 Button 控件,分别命名为 yhm、rfv_yhm 和 check。第 2 列第 4、5、6、8、9、10、12 行单元格,分别放入 TextBox 控件,并分别命名为 mm、qrmm、xm、email、address、tel、和 answer,分别在第 1 列第 4、5、6、7、8、9、10、11、12 和 13 行单元格分别输入密码、确认密码、姓名、性别、出生日期、Email、联系地址、联系电话、密码查询问题和密码查询答案。在第 2 列第 4、5、6、11 行单元格,放入 RequiredFieldValidator 控件,分别命名为 rfv_mm、rfv_qrmm、rfv_xm、rfv_tel。第 2 列第 5 行单元格,放入 CompareValidor 控件,命名为 cv_qrmm。第 2 列第 9 行,放入 RegularExpressionValidator 控件,命名为 rxb_address。

第 2 列第 7 行单元格,放入 RadioButtonList 控件,命名为 rbl_xb。第 2 列第 8 行单元格,放入三个 DropDownList 控件,分别命名为 ddl_year、ddl_month、ddl_day。第 2 列第 12 行单元格放入 DropDownList 控件,命名为 question。合并第 14 行单元格,并分别放入 2 个 Button 控件,分别命名为 reg 和 ct,控件属性设置如表 10.1 所示。

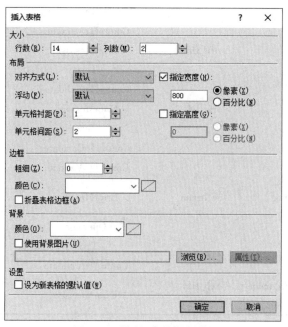

图 10.3　"插入表格"对话框

表10.1 控件属性的设置

控件类型	控件名	属性名称	属性值
Label	L1	Text	空
		ForeColor	red
	L2	Text	空
	zs	Text	带*的为必填项
DropDownList	question	Items	如图10.4所示
TextBox	yhm	CssClass	input
	mm	TextMode	Password
		CssClass	input
	qrmm	TextMode	Password
		CssClass	input
	xm	CssClass	input
	email	CssClass	input
	address	CssClass	input
	tel	CssClass	input
	answer	CssClass	Input
RequiredFieldValidator	yhm	ControlToValidate	yhm
		ErrorMessage	请输入用户名称
		Text	*
	rfv_mm	ControlToValidate	rfv_mm
		ErrorMessage	请输入密码
		Text	*
	rvf_qrmm	ControlToValidate	rvf_qrmm
		ErrorMessage	请再次输入密码
		Text	*
	rfv_xm	ControlToValidate	rfv_xm
		ErrorMessage	请输入姓名
		Text	*
	rfv_tel	ControlToValidate	rfv_xm
		ErrorMessage	请输入电话号码
		Text	*
CompareValidator	cv_qrmm	ControlToCompare	rfv_mm
		ControlToValidate	rvf_qrmm
		ErrorMessage	两次输入密码必须相同
		Operator	Equal
		Type	String
RegularExpressionValidator	rxb_add	ControlToValidate	txtEmail
		ErrorMessage	请输入正确格式的电子邮件地址

续表

控件类型	控件名	属性名称	属性值
		ValidationExpression	如图 10.5 所示
	check	Text	检测用户名
		CssClass	button
Button	reg	Text	注册
		CssClass	button
	ct	Text	重填
		CssClass	button
RadioButtonList	rblxb	RepeatDirection	Horizontal
		Items	如图 10.6 所示

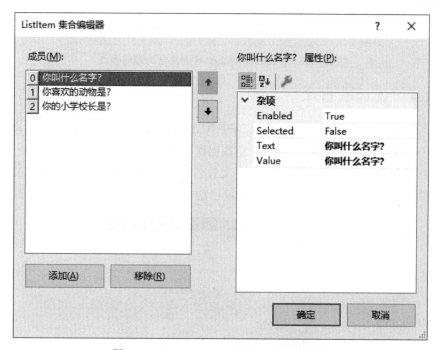

图 10.4　DropDownList 控件集合的编辑器

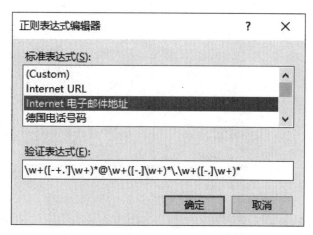

图 10.5　ValidationExpression 设置

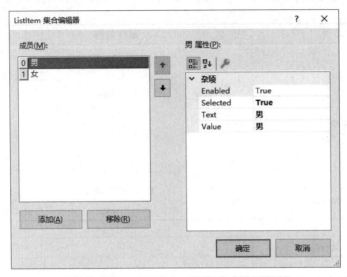

图10.6　RadioButtonList控件集合的编辑器

10.2.4　设计数据库

在站点根目录单击右键,选择添加"ASP.NET文件夹"→"App_Data"。启动Microsoft Access 2010,选择"文件"→"新建",选择"空数据库",弹出"文件新建数据库"对话框,选择保存位置为该站点中的"App_Data"文件夹,在文件名中输入yh.accdb,单击"创建"按钮创建数据库,选择"表"对象,单击"设计"按钮,在表设计器中设计user表,结构如图10.7所示。

图10.7　user表结构

10.2.5　编写代码

打开 register.aspx.cs 文件,首先导入命名空间:using System.Data.OleDb。

双击 ct 控件,在 ct_Click 事件中添加如下代码:

```
this.yhm.Focus();
this.yhm.Text = "";
this.mm.Text = "";
this.qrmm.Text = "";
this.xm.Text = "";
this.email.Text = "";
this.address.Text = "";
this.tel.Text = "";
this.answer.Text = "";
```

双击 check 控件,在 check_Click 事件中添加如下代码:

```
String str = "Provider=Microsoft.ACE.OLEDB.12.0;" + "Data Source=" + Server.MapPath
("App_Data/yh.accdb");
OleDbConnection con = new OleDbConnection(str);
con.Open();
string user_name = yhm.Text;
string str1 = "select * from [user] where [user_name]='" + user_name + "'";
OleDbCommand cmd = new OleDbCommand(str1, con);
OleDbDataReader dr = cmd.ExecuteReader();
if (user_name == "")
{
    L1.Text = "×";
    L2.Text = "用户名不得为空!";
    return;
}
if (dr.Read())
{
    L1.Text = "×";
    L2.Text = "该用户名已存在!";
    return;
}
if (user_name.Length > 15)
{
    Response.Write("<script>alert('用户名不合法！')</script>");
```

```
        }
        L1.Text = "√";
        L2.Text = "该用户名可正常使用!";
    双击reg控件,在reg_Click事件中添加如下代码:
        OleDbConnection Con = new OleDbConnection();
        Con.ConnectionString = "Provider=Microsoft.ACE.OLEDB.12.0;" + "Data Source="
+ Server.MapPath("App_Data/yh.accdb");
        OleDbCommand Com = new OleDbCommand();
        Com.Connection = Con;
        Com.CommandText = "insert into [user](user_name,Pass_word,name,sex,birthday,
Email,address,telphone,question,answer)"
        + "values('" + this.yhm.Text + "','" + this.mm.Text + "','"+this.xm.Text+"',"
        +"'" + this.rblxb.SelectedItem.Text + "','"+ this.ddl_year.SelectedItem.Text + "," +
this.
        ddl_month.SelectedItem.Text + "," + this.ddl_day.SelectedItem.Text + "',"
        + "'" + this.email.Text + "','" + this.address.Text + "','" + this.tel.Text + "','" +
this.question.SelectedItem.Text + "','" + this.answer.Text + "')";
        try
        {
            Con.Open();
            Com.ExecuteNonQuery();
            Response.Write("<script>alert('恭喜您注册成功!')</script>");
            this.L2.Text = "";
            Con.Close();
        }
        catch
        {
            Response.Write("<script>alert('对不起,注册失败!')</script>");
            this.yhm.Focus();
            Con.Close();
        }
```

10.2.6　运 行

单击工具栏启动调试按钮"　▶　"运行应用程序,可得图10.1、图10.2所示效果。

10.3 知识链接

10.3.1 Server 对象

Server 对象提供对服务器上的方法和属性的访问以及进行 HTML 编码的功能。这些功能分别由 Server 对象相应的方法和属性完成。

1. Server 对象属性

Server 对象的常用属性有 MachineName、ScriptTimeout。

ScriptTimeout 属性用于设置脚本程序执行的时间,适当地设置脚本程序的 ScriptTimeout 可以提高整个 Web 应用程序的效率。语法如下:

Server.ScriptTimeout=time;   //(以 s(秒)为单位

ScriptTimeout 属性的最短时间默认为 90 s。对于一些逻辑简单、活动内容较少的脚本程序该值已经足够。但在执行一些活动内容较多的脚本程序时,就显得小了些。比如访问数据库的脚本程序,必须设置较大的 ScriptTimeout 属性值,否则脚本程序就不能正常执行完毕。例如:

Response.Write("服务器机器名:" + Server.MachineName);//服务器机器名:IBM

Response.Write("超时时间为:" + Server.ScriptTimeout);//超时时间为:30000000

2. Server 对象方法

Server 对象的常用方法如下。

（1）Execute 方法

使用 Server 对象的 Execute 方法可以在当前页面中执行同一 Web 服务器上的另一页面,当该页面执行完毕后,控制流程将重新返回到原页面中发出 Server.Execute 方法调用的位置。被调用的页面应是一个 .aspx 网页,因此,通过 Server.Execute 方法调用可以将一个 .aspx 页面的输出结果插入到另一个 .aspx 页面中。Server.Execute 方法任务如下:

在 Default 页面的 Page_Load 中:

Response.Write("<P>调用 Execute 方法之前</P>");

Server.Execute("check.aspx");

//使用 Server.Execute(Path)执行其他 ASP.NET 页面。这里将 Page2.aspx 的输出结果插入到当前页面

Server.Execute("http://www.163.com");//程序不能执行,必须是相对路径

Response.Write("<P>调用 Execute 方法之后</P>");

在 page.aspx 页面的 Page_Load 中:

Response.Write("这是 page2.aspx 网页");

（2）MapPath方法

在Web窗体页中经常需要访问文件或文件夹,此时往往要求将虚拟路径转换为物理文件路径。MapPath方法将指定的相对或虚拟路径映射到服务器上相应的物理目录上。Web服务器中的多个Web应用程序一般都按照各自不同的功能存放于不同的目录中。

使用虚拟目录后,客户端仍然可以利用虚拟路径存取网页,这就是互联网用户在浏览器中常见的网页URL,但此时用户无法知道该网页的实际路径(实际存放位置)。但如果确实需要知道某网页文件的实际路径,则可利用MapPath方法。

MapPath方法的语法如下:

Server.MapPath(Path);

注:其中参数Path表示指定要映射物理目录的相对或虚拟路径。执行MapPath方法后,将返回与path相对应的物理文件路径。

① 相对路径。相对当前目录的路径或相对某个目录的路径,这里主要体现"相对"的概念。

② 绝对路径。从网站的根目录开始的路径,如C:\Website\web1\index.html。

③ 物理路径。实际磁盘中的路径,可以是相对路径,也可以是绝对路径。

④ 虚拟路径。是服务器映射出来的路径,如/myweb。

例如:

```
protected void Page_Load(object sender, EventArgs e)
    {
        Response.Write("Web站点的根目录为:" + Server.MapPath(".") + "<br>");
        Response.Write("当前虚拟目录的实际路径为:" + Server.MapPath("./") + "<br>");
        Response.Write("当前网页的实际路径为:" + Server.MapPath(Request.FilePath) + "
<br>");
        Response.Write("当前网页的实际路径为:" + Server.MapPath("webform2.aspx") + "
<br>");
    }
```

习　题

1. 填空题

（1）Server对象的_____方法是获得网站根目录的物理路径。

（2）Server对象的_____方法可以创建服务器组件的实例。

（3）Server对象的_____方法可以跳转到路径指定的另一页面,在另一页面执行完毕后返回当前页。

（4）Serser对象的 Transter方法可以_____。

（5）Server 对象的 HtmlEncode 方法表示 _____。

（6）Server 对象的 HtmlDecode 方法表示 _____。

（7）Server 对象的 UrlEncode 方法表示 _____。

（8）Server. Mappath ("~/")表示 _____。

（9）Server. Mappath ("./")表示 _____。

（10）Server. Mappath ("../")表示 _____。

2. 简单题

（1）简述 Server 对象的作用。

（2）简述 Transfer 方法和 Execute 方法的作用及区别。

3. 操作题

完成本任务的设计与开发。

任务11 获取客户端数据与跨页传递数据

11.1 任务描述

该任务设计实现在第一个页面中提交登录信息,当用户名和密码都不为空时转向下一页,并显示用户名信息,如图11.1、图11.2所示。

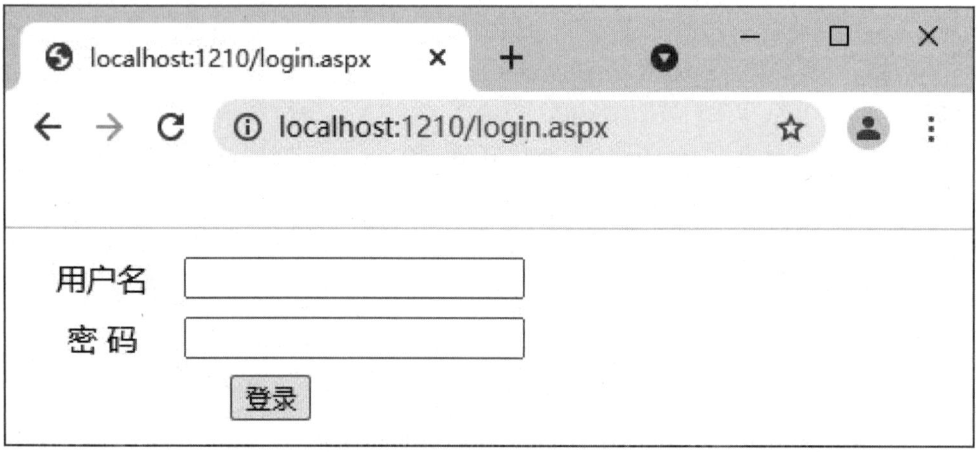

图11.1 第一个页面

图11.2 第二个页面

11.2　操　作　步　骤

11.2.1　启动 Microsoft Visual Studio 应用程序

选择"开始"→"程序"→"Microsoft Visual Studio",打开应用程序主窗口。

11.2.2　创　建　网　站

选择"文件"→"新建"→"项目",打开"新建项目"对话框,选择"ASP.NET Web 应用程序(.NET Framework)",单击下一步,在"位置"下拉列表框中选择相应位置,创建项目名称为"ch11"的 ASP.NET Web 应用程序(.NET Framework),然后选择空,单击"创建",创建空的 ASP.NET Web 应用程序(.NET Framework)。在"解决方案资源管理器"根目录上单击鼠标右键,选择"添加新项",创建 welcome.aspx 和 login.aspx 窗体文件。

11.2.3　设　计　窗　体

打开 login.aspx 窗体设计视图,选择"表"→"插入表格",插入 3 行 2 列表格,设置"插入表格"对话框如图 11.3 所示。在第 1 行第 1 列输入文本"用户名:",第 1 行第 2 列单元格,拖入 TextBox 控件,命名为 txtUseName,第 2 行第 1 列输入文本"密码:",在第 2 行第 2 列放入 Text-Box 控件,命名为 txtUsePwd,将第 3 行单元格合并,并插入 Button 控件,命名为 btnSubmit,在 form 表单中添加 Label 控件,并命名为 lblMessage。控件属性设置如表 11.1 所示。

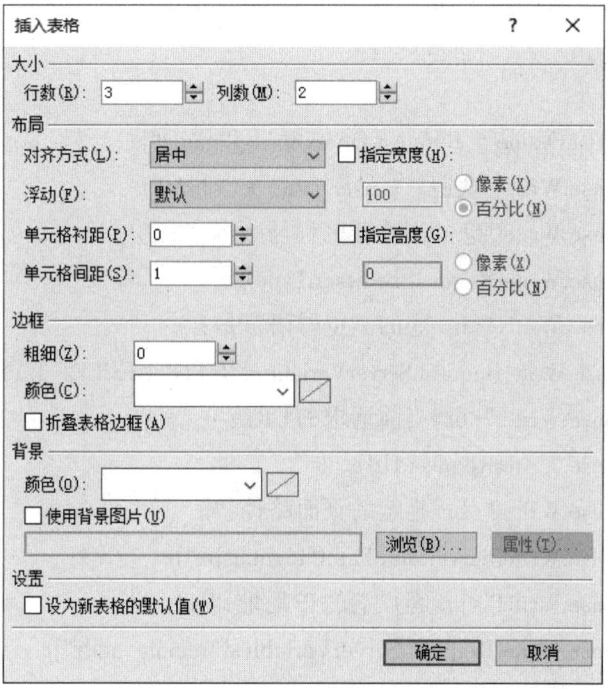

图 11.3　"插入表格"对话框

表11.1　控件属性设置

控件类型	控件名	属性名称	属性值
TextBox控件	txtUseName	ID	xtUseName
	txtUsePwd	TextMode	Password
Button控件	btnSubmit	Text	提交
Label控件	lblMessage	Text	空

11.2.4　编写代码

双击bt1控件,在bt1_Click事件中添加以下代码:

```
if (this.txtUseName.Text.Trim().Length == 0)
    {
        this.lblMessage.Text = "请输入用户名！";
        return;
    }
    if (this.txtUsePwd.Text.Trim().Length == 0)
    {
        this.lblMessage.Text = "请输入密码！";
        return;
    }
    else
        Response.Redirect("welcome.aspx?name=" + this.txtUseName.Text.Trim());
```

在welcome.aspx中的Page_Load事件中添加以下代码:

```
if (!IsPostBack)
    {
        string userName = Request.QueryString["name"];
        Response.Write("欢迎," + userName + "<br/>");
        Response.Write("您的浏览器名称与版本:");
        Response.Write(Request.Browser.Type);
        Response.Write("<br>您的浏览器语言是:");
        Response.Write(Request.ServerVariables["HTTP_ACCEPT_LANGUAGE"].ToString());
        Response.Write("<br>当前请求的URL:");
        Response.Write(Request.Url);
        Response.Write("<br>指定的页面路径:");
        Response.Write(Server.MapPath("login.aspx"));
        Response.Write("<br>客户端的IP地址:");
        Response.Write(Request.ServerVariables["remote_addr"]);
    }
```

11.2.5　运行

设置 login.aspx 为起始页,单击工具栏启动调试按钮"　▶　"运行应用程序,可得图 11.1 所示效果。

11.3　知识链接

11.3.1　Request 对象

Request 对象是 HttpRequest 类的一个实例,用于获取来自浏览器的信息。Request 对象的语法如下:

Request[.collection|property|method](variable)

其中 collection 表示由若干元素组成的集合。它不仅可以用索引来引用每一个元素的值,还可以用元素的名称来引用,例如 Request.Form("txtA")。

1. 集合

Request 对象有五个集合,具体内容如下:

(1) QueryString。用以获取客户端附在 URL 地址后的查询字符串中的信息。

例如:stra=Request.QueryString ["strUserld"]。

(2) Form。用以获取客户端在 FORM 表单中所输入的信息。

例如:stra=Request.Form["strUserld"]。

(3) Cookies。用以获取客户端的 Cookie 信息。

例如:stra=Request.Cookies["strUserld"]。

(4) ServerVariables。用以获取客户端发出的 HTTP 请求信息中的头信息及服务器端环境变量信息。

例如:stra=Request.ServerVariables["REMOTE_ADDR"],返回客户端 IP 地址。

(5) ClientCertificate。用以获取客户端的身份验证信息。

例如:stra=Request.ClientCertificate["VALIDFORM"],对于要求安全验证的网站,返回有效起始日期。

2. 属性

Request 对象的常用属性及说明如表 11.2 所示。

Request 对象的常用方法如下:

MapPath(VirtualPath):该方法将当前请求的 URL 中的虚拟路径 VirtualPath 映射到服务器上的物理路径。参数 VirtualPath 用于指定当前请求的虚拟路径(可以是绝对路径,也可以是相对路径)。返回值为与 VirtualPath 对应的服务器端物理路径。

表11.2　Request对象的常用属性及说明

属　　性	描　　述
QueryString	获取HTTP查询字符串变量集合
FilePath	获取当前请求的虚拟路径
UserHostAddress	获取远程客户端的IP主机地址
Browser	获取或设置有关正在请求的客户端的浏览器功能的信息
UserHostName	获取远程客户端的DNS名称
Form	获取窗体变量集合
RawUrl	获取当前请求的原始URL

SaveAs (filename, includeHeaders)：该方法将客户端的HTTP请求保存到磁盘。参数filename用于指定文件在服务器上保存的位置；布尔型参数includeHearders用于指示是否同时保存HTTP头。

3. 参数

Variable又称参数，它就是要获取元素的名称，可以是字符串常量或字符串变量。

4. Request对象的运用

① Request.QuerySring["id"] 表示获取URL后面的 id参数值。

② Request["id"]也表示获取id参数值，但 ASP.NET 会遍历QueryStrinng、Form、Cookie等数据集合检索此参数，建议指定数据集合的名称，提高效率。

Request对象具体用法如下：

（1）获取传递的信息。

Response.Redirect("Default2.aspx?userName="+TextBox1.Text.Trim());//传递用户名信息

String str=Request.QueryString["userName"].ToString();//获取用户名信息

（2）获取浏览器的信息。

Reponse.Write("浏览器是："+Request.Browser.Type"+"<br/>");

Reponse.Write("浏览器的名称是：" +Requeset.Browser.Browser+"<br/>");

当向服务器提交数据时，分为两种方式：Post和Get。

（3）获取Post方式提交的数据。

string useName = Request.Form.Get("txtUserName").ToString();

string usePwd = Request.Form.Get("txtUserPwd").ToString();

（4）获取Get方式提交的数据。

string useName = Request.QueryString["txtUserName"].ToString();

string usePwd = Request.QueryString["txtUserPwd"].ToString();

（5）对两者都适用的方法，运用Reuqest的索引值去获取所要求的表单值。

string useName = Request["txtUserName"].ToString();

string usePwd = Request["txtUserPwd"].ToString();

11.3.2　Response 对象

Response 对象用来发送信息到客户端,并对发送过程进行控制。例如,在浏览器中动态创建 Web 页面显示内容,改变 HTTP 标题头,重新将客户端定向到指定页面中,设置缓冲信息等。

语法格式如下:

Response.集合|属性|方法

Response 对象只提供了一个数据集合 Cookie,它用于在客户端写入 Cookie 值。若指定的 Cookie 不存在,则创建它;若存在,则自动进行更新,并将结果返回给客户端浏览器。语法如下:

Response.Cookies(CookieName)[(key)|.attribute]=value

这里的 CookiesName 是指定的 Cookie 的名称,如果指定了 Key,则该 Cookie 就是一个字典,Attribute 属性包括 Domain、Expires、HasKeys、Path 和 Secure,具体含义如下:

(1) Domain 只写。若被指定,则 Cookie 将被发送到对该域的请求中去。

(2) Expires 只写。指定 Cookie 的过期日期。为了在会话结束后将 Cookie 存储在客户端磁盘上,必须设置该日期。若此项属性的设置未超过当前日期,则在任务结束后 Cookie 将到期。

(3) HasKeys 只读。指定 Cookie 是否包含关键字。

(4) Path 只写。若被指定,则 Cookie 将只发送到对该路径的请求中。如果未设置该属性,则使用应用程序的路径。

(5) Secure 只写。指定 Cookie 是否安全。

Response 对象常用属性和方法如表 11.3 和表 11.4 所示。

表 11.3　Response 对象常用属性

属　　性	描　　述	用　　法
Buffer	设置是否使用缓冲区	Response.Buffer = True 或者 False
ContentType	设置输出内容的类型	比如:GIF 文件类型为"image/gif" BMP 文件类型为"image/bmp" JPG 文件类型为"image/jpeg" ZIP 文件类型为"application/x-zip-compressed" Word 文件类型为 application/msword 文本文件类型为"text/plain" HTML 文件类型为"text/html"

表 11.4 Response 对象常用方法

方　　法	描　　述	用　　法
Write()	向客户端输出数据	Response.Write("你好！")
Redirect()	转到其他 URL 地址	Response.Redirect("www.sohu.com")
BinaryWrite()	输出二进制数据	Resposne.BinaryWrite(二进制数据)
Clear()	清楚缓冲区所有信息。前提是 Response.Buffer 设为 True	Response.Clear()
End()	终止输出	Response.End()
Flush()	将缓冲区信息输出。前提是 Response.Buffer 设置为 True	Response.Flush()

例如,使用 Response 对象结束输出。

Response.Write("系统当前的时间是:" + DateTime.Now.Hour + "点" + DateTime.Now.Minute + "分
");

```
if (DateTime.Now.Hour < 8 || DateTime.Now.Hour > 18)
{
    Response.Write("本网站此时间停止开放<br>");
    Response.Write("本网站开放时间为:上午8点到下午6点");
    Response.End();
}
else
{
    Response.Redirect("Default.aspx");
}
```

习　　题

1. 选择题

(1) Request 对象包含的集合有(　　)。

　　A. QueryString 和 ServerVariables　　B. Form 和 Cookies

　　C. A 和 B　　D. 以上都不是

(2) 下面的(　　)对象可用于使服务器获取从客户端浏览器提交或上传的信息。

　　A. Response　　B. Server

　　C. Request　　D. Session

（3）ASP.NET提供了多种验证方式进行身份验证,其中,能够使用HTTP.Cookies和HTML表单对请求进行身份验证的是下列选项中的(　　)。

    A. Forms验证　　　　　　　　B. Windows 验证

    C. Passport验证　　　　　　　D. 定制验证

（4）下面哪条语句可以返回访问者的IP地址?(　　)

    A. Request.ServerVariables("REMOTE_ADDR")

    B. Request.ServerVariables("REMOTE_IP")

    C. Request.ClientCertificate("REMOTE_ADDR ")

    D. Request.ClientCertificate ("REMOTE_IP ")

（5）Request 对象的(　　)方法可以获得当前所浏览网页在服务器端的相对地址。

    A. FilePath　　　　　　　　　B. PhysicalPath

    C. RawUrl　　　　　　　　　D. PhysicalApplicationPath

2. 操作题

完成本任务的设计与开发。

任务12　使用Cookie保存登录信息

12.1　任　务　描　述

该任务设计将Login页面中的账户信息保存在Login的Cookie中，如图12.1所示，转到Home页面时，利用得到的Cookie值就能自动识别然后登录，如图12.2所示。当用户名或密码为空时给出警告信息，如图12.3所示。

图12.1　Login窗体

图12.2　警告对话框

图12.3　利用Cookie值登录

12.2 操作步骤

12.2.1 启动 Microsoft Visual Studio 2010 应用程序

选择"开始"→"程序"→"Microsoft Visual Studio 2010",打开应用程序主窗口。

12.2.2 创建网站

选择"文件"→"新建"→"网站",打开"新建 ASP.NET 空网站"窗口,在"位置"下拉列表框中选择"文件系统",在语言列表框中选择"Visual C#",单击"浏览"按钮选择项目存放位置,单击"确定"按钮创建新网站。在"解决方案资源管理器"根目录上单击鼠标右键,选择"添加新项",添加 home.aspx、login.aspx 窗体文件。

12.2.3 设计窗体

打开 login.aspx 的设计视图,选择"表"→"插入表格",插入4行2列表格,设置"插入表格"对话框如图 12.4 所示。在表格第1列第1、2行插入 Label 控件,分别命名为"Label1"和"Label1"。在第1行单元格,插入 TextBox 控件,命名为 nameID。第2行插入 TextBox 控件,命名为 pwdID。合并表格第3行,在表格第3行单元格插入名为 PwdChecked 的 CheckBox 控件。合并表格第4行,插入2个 Button 控件,分别命名为 btn 和 btnReset,属性设置如表 12.1 所示。

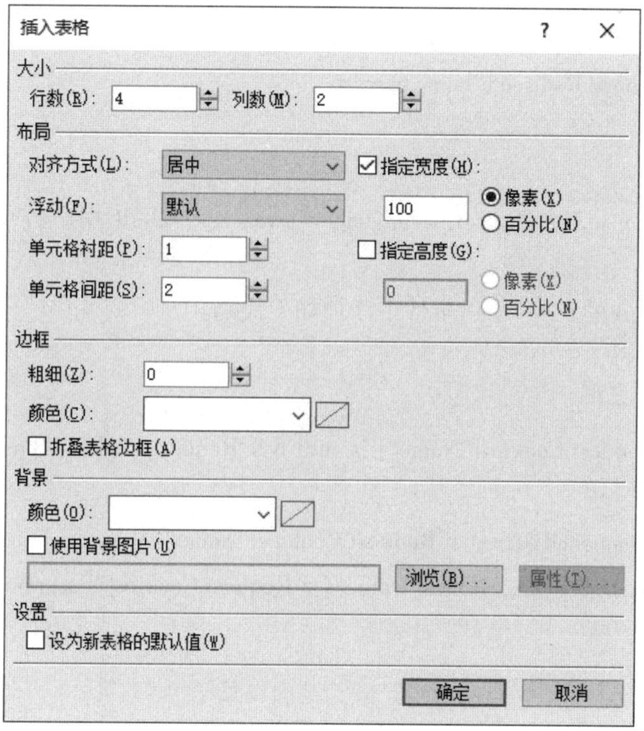

图 12.4 "插入表格"对话框

表12.1　控件属性设置

控件类型	控件名	属性名称	属性值
Label控件	Label1	Text	用户名
Label控件	Label2	Text	密码
TextBox控件	NameID	TextMode	SingleLine
	PwdID	TextMode	Password
CheckBox控件	PwdChecked	Text	记住密码
		TextAlign	Left
Button控件	Btn	Text	登录
	btnReset	Text	取消

12.2.4　编写代码

（1）双击Btn控件，在Btn_Click事件中添加如下代码。

```
Response.Cookies["Name"].Expires = DateTime.Now.AddDays(-1);
    Response.Cookies["Password"].Expires = DateTime.Now.AddDays(-1);
    if(PwdChecked.Checked && nameID.Text != "" || pwdID.Text != "")
    {
        Response.Cookies["Name"].Expires = DateTime.Now.AddDays(7);
        Response.Cookies["Password"].Expires = DateTime.Now.AddDays(7);
        Session["username"] = nameID.Text;
        Session["password"] = pwdID.Text;
        Response.Redirect("home.aspx");
    }
    else
        Response.Write("<script language='javascript'>alert('用户名或密码不能为空！')
</script>");
```

（2）在login.aspx的Page_Load事件中添加如下代码。

```
if (!IsPostBack)
    {
        if (Request.Cookies["Name"] != null && Request.Cookies["Password"] != null)
        {
            this.nameID.Text = Request.Cookies["Name"].Value;
            this.pwdID.Attributes["value"] = Request.Cookies["Password"].Value;
        }
    }
```

（3）在 home.aspx 的 Page_Load 事件中添加如下代码。

```
if (Session["username"] != null && Session["password"] != null)
    {
        string name = Session["username"].ToString();
        string pwd = Session["password"].ToString();
        Response.Write("欢迎" + name + "光临本站,请记住你的密码:" + pwd);
    }
    else
    {
        Response.Write("您还没有登录<a href='login.aspx'>返回登录</a>");
    }
```

12.2.5 运 行

设置 Login.aspx 为起始页。单击工具栏启动调试按钮"▶"运行应用程序,可得图 12.1 所示效果。

12.3 知 识 链 接

12.3.1 Cookie 对象

Cookie 对象是 ASP.NET 的一个常用内置对象,它是存储在客户端文件系统的文本文件中或客户端浏览器对话的内存中的少量数据,主要用来跟踪数据设置。

Cookie 用于保存客户浏览器请求服务器页面的请求信息,程序员也可以用它存放非敏感性的用户信息,信息保存的时间可以根据需要设置,如果没有设置 Cookie 失效日期,它们仅保存到关闭浏览器程序为止。如果将 Cookie 对象的 Expires 属性设置为 Minvalue,则表示 Cookie 永远不会过期。Cookie 存储的数据量是受限制的,大多数浏览器支持最大容量为 4096 B,因此不要用来保存数据集和其他大量数据。由于并非所有的浏览器都支持 Cookie,并且数据信息是以明文形式保存在客户端计算机中,因此最好不要保存敏感且未加密的数据,否则会影响网站的安全性。

Cookie 对象与 Session 对象相似,分别保存不同用户的信息,和 Session 的区别是:Session 对象所有信息保存在服务器上,Cookie 对象所有信息保存在客户端浏览器上。

ASP.NET 包含两个内部 Cookie 集合。HttpRequest 的 Cookies 集合是从客户端传送到服务器的 Cookie,HttpResponse 的 Cookies 集合包含的是一些新的 Cookie,这些 Cookie 在服务器上创建然后传输到客户端。它的常用属性和方法及说明如表 12.2 和表 12.3 所示。

表12.2　Cookie对象的常用属性及说明

属　　性	描　　述
Name	获取或设置Cookie的名称
Value	获取或设置Cookie的值
Expires	获取或设置Cookie的过期日期和时间
Version	获取或设置此Cookie符合的HTTP状态维护版本

表12.3　Cookie对象的常用方法及说明

属　　性	描　　述
Add	新增一个Cookie变量
Clear	清除Cookie集合内的变量
Get	通过变量名或索引得到Cookie的变量值
GetKey	以索引值来获取Cookie的变量名称
Remove	通过Cookie变量名来删除Cookie变量

1. 创建和读取会话 Cookie

（1）创建Cookie。

HttpCookie objHttpCookie = new HttpCookie("UserName","张三");　//新建 Cookie

Response.Cookies.Add(objHttpCookie); //将新 Cookie 添加到 Response 对象的 Cookie 集合中

这个会话Cookie是存储在浏览器的内存中的,并没有写入文件,所以当关闭了浏览器之后,该Cookie对象不会存在。

（2）读取Cookie。例如:

Response.Write(Request.Cookies["UserName"].Value); //Value 属性将 Cookie 的值作为字符串返回

还有一种Cookie称为持久性Cookie,它是有一定生命周期的,用户可以自定义这个生命周期,并存在于客户端。

2. 创建和读取持久性 Cookie

（1）创建Cookie。

//新建 Cookie

HttpCookie objHttpCookie = new HttpCookie("UserName","张三");

//用 Cookie 的 Expires 属性将 Cookie 的过期期限设置为两分钟

objHttpCookie.Expires = DateTime.Now.AddMinutes(2);

Response.Cookies.Add(objHttpCookie);

（2）读取Cookie。

Response.Write(Request.Cookies["UserName"].Value); 例如:

//创建一个 HttpCookie 对象

HttpCookie cookie = new HttpCookie("RON");

//设定此cookies值

cookie.Value = "我叫小魏";

//设定 cookie 的生命周期,在这里定义为 3 分钟

DateTime dtNow = DateTime.Now;

TimeSpan tsMinute = new TimeSpan(0,0,3,0);

cookie.Expires = dtNow + tsMinute;

cookie["Name"] = "小魏";

cookie["Sex"] = "男";

cookie["Age"] = "22";

//加入此 cookie

Response.Cookies.Add(cookie);

Response.Write("Cookie 创建完毕");

12.3.2 IsPostBack

IsPostBack 是 Page 类有一个 Bool 类型的属性,用来判断针对当前 Form 的请求是第一次还是非第一次,当 IsPostBack=false 时,表示是第 1 次请求,当 IsPostBack=True 时,表示是非第一次请求。因为第一次请求的时候会执行 Page_Load,在非第一次请求的时候也会执行 Page_Load。调用方法为:Page.IsPostBack 或者 IsPostBack 或者 this.IsPostBack 或者 This.Page.IsPostBack,它们都等价。

(1)当通过 IE 的地址栏等方式打开一个 URL 时是第一次打开,当通过页面的提交按钮或能引起提交的按钮以 POST 的方式提交服务器时,页面就不再是第一次打开了(每点击一次按钮,都是一次加载)。

(2)IsPostBack 只有在第一次打开的时候是 False,其他时候都是 True。

(3).Net 判断一个 Page 是否第一次打开的方法:Request.Form.Count>0。

(4)每次页面 Load 的时候,根据需要把每次都要加载的代码放在 IsPostBack 中,只需要加载一次的代码放在 If(!IsPostBack)中。

(5)每次用户回传服务器任何信息的时候,都会引发 IsPostBack 属性用来判断此用户是否曾经做过登录或者其他事件。

习 题

1. 选择题

(1)Cookie 对象的默认有效期是( )。

    A. 21 分钟   B. 30 分钟   C. 50 年   D. 以上都不对

(2)Cookie 是 Web 服务器保存在用户硬盘上的一段文本,分会话 Cookie 和永久 Cookie。如要定义一个永久 Cookie,则必须设置 Cookie 的( )属性。

    A. Value   B. Item   C. Path   D. Expires

（3）下面对于状态保持对象说法错误的是（　　）。

  A. Session对象是针对单一会话的，可以用来保存对象

  B. Cookie是保存在浏览器端，当没有设置Cookie的过期时间时，关闭当前会话相关浏览器后，Cookie丢失

  C. Application是应用程序级的，所有浏览器端都可以获取到Application中保存的信息

  D. Session对象保存在浏览器端，容易丢失

（4）某个用ASP.NET技术开发的网站拥有大量的访问量，最近该网站经常因为服务器内存占用率过高而宕机，作为该网站技术员，在仔细检查了该网站的系统后，发现内存占有率过高是因为每个用户都有大量数据保存在Session中，为了解决该问题应该进行（　　）处理。

  A. 将保存在Session中的数据保存在Application中

  B. 将保存在Session中的数据保存在Cookie中

  C. 将Session中对安全性要求不高的数据保存在Cookie中，不经常使用的数据保存在数据库中

  D. 将Session中对安全性要求不高的数据保存在Application中，不经常使用的数据保存在Cookie中

（5）在ASP.NET中，关于下列代码的说法正确的是（　　）。

```
HttpCookie user = new HttpCookie("name","王飞");        //1
Response.Cookie.Add(user);                             //2
user.Expires=DateTime.Now.AddMinutes(4);               //3
Response.Write(Request.Cookie["name"].Value;           //4
```

  A. 代码行1错误   B. 代码行2错误

  C. 代码行3错误   D. 代码行4错误

（6）Session与Cookie状态之间最大的区别在于（　　）。

  A. 容量不同   B. 生命周期不同

  C. 类型不同   D. 存储的位置不同

（7）下面（　　）不能用于进行Web服务的状态管理。

  A. Application   B. Session   C. XML   D. Cookie

（8）Cookie保存的文件名格式为<user>@<domain>.txt，有qinxueli@Microsoft[2].txt，其中的qinxueli代表是（　　）。

  A. 用户登录名   B. 电子邮件的用户名

  C. 客户端机器名   D. 服务器名

2. 操作题

完成本任务的设计与开发。

任务13　设计聊天室

13.1　任 务 描 述

该任务是设计在线聊天室,主要功能包括用户注册、登录验证、在线聊天、人数统计和访问量统计等,具体效果如图13.1～图13.4所示。

图13.1　登录验证窗口

图13.2　密码验证

图13.3　注册结果窗口

图13.4　聊天室窗口

13.2　操 作 步 骤

13.2.1　建立站点

启动 Microsoft Visual Studio 应用程序。选择"文件"→"新建"→"项目",新建空的 ASP.NET Web 应用程序(.NET Framework),创建名为"ch13"的文件夹。在网站根目录单击鼠标右键,选择"添加新项",弹出"添加新项"对话框,命名为"Dl.aspx",同理添加 register.aspx、main.aspx。

13.2.2　设计登录窗体

打开 Dl.aspx 文件,单击窗口左下角的"设计"按钮,向窗口中插入5行3列表格,表格设置如图13.5所示。在表格第1行第2列插入 Label1 控件;在表格第2行第1列插入 Label2 控件,第2列插入名为"Name"的 TextBox 控件,第3列插入名为"Ts"的 Label 控件;在表格第3行第1列插入 Label3 控件,第2列插入名为"Pass"的 TextBox 控件,第3列插入名为"Yz"的 Label 控件;在表格第4行第2列插入 Button1 控件;在第5行第2列插入名为"Yhzc"的 HyperLink 控件。以上控件属性设置如表13.1所示。

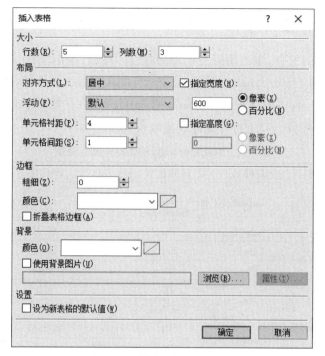

图 13.5 "插入表格"对话框

表 13.1 dl.aspx 窗体控件属性设置

控件类型	控件名	属性名称	属性值
Label	Label1	Text	用户登录
		Font/Size	18pt
	Label2	Text	用户账号
	Ts	Text	账号有错!
		ForeColor	Red
		Visible	False
	Label3	Text	用户密码
	Yz	Text	密码有错!
		ForeColor	Red
		Visible	False
Text	Name	ID	Name
	Pass	ID	pass
		TextMode	Password
Button	Button1	ID	Button1
		Text	登 录
HyperLink	Yhzc	ID	Yhzc
		Text	无此用户,请注册
		ForeColor	Red
		Visible	False
		NavigateUrl	~/register.aspx

13.2.3　设计注册窗体

打开 Register.aspx 文件,单击窗口左下角的"设计"按钮,单击"格式设置"工具栏的"☰"居中按钮。在窗体第 1 行插入 Label1 控件,在第 2 行插入 Label2 控件和名为"Yhm"的 TextBox 控件;在第 3 行插入 Label3 控件和名为"Mm"的 TextBox 控件;在第 4 行插入 Button 控件;在第 5 行插入 HyperLink1 控件。以上控件属性设置如表 13.2 所示。

表 13.2　Register.aspx 窗体控件属性设置

控件类型	控件名	属性名称	属性值
Label	Label1	Text	用户注册
		Font/Size	18pt
	Label2	Text	账 号
	Label3	Text	密 码
Text	Yhm	ID	Yhm
	Mm	ID	Mm
		TextMode	Password
Button	Button1	ID	Button1
		Text	注 册
HyperLink	HyperLink1	ID	HyperLink1
		Text	注册成功,返回登录页面
		ForeColor	Red
		Visible	False
		NavigateUrl	~/Dl.aspx

13.2.4　设计主窗体

打开 Main.aspx 文件,单击窗口左下角的"设计"按钮,单击"格式设置"工具栏的"☰"居中按钮。添加 div,设置第一个 div 的属性,设置 dir 属性为 ltr,设置 style 属性代码如下:font-family: 仿宋; font-size: xx-large; color: #FF0000; background-color: #C0C0C0; text-align: center; height: 60px; line-height: 60px; font-weight: bolder,在 div 窗格中输入在线聊天室。回车换行后,在 div 框下再添加个 div,设置 dir 属性为 ltr,设置 style 属性代码如下:background-color: #FFCCCC; line-height: 40px; height: 40px,在第 2 个 div 框中拖入 2 个 Label 控件,分别命名为 Zx 和 Zrs。回车换行后,再添加个 div,设置 dir 属性为 ltr,设置 style 属性代码如下:background-color: #FFCCCC; line-height: 40px; height: 40px,在第 3 个 div 框中拖入 TextBox 控件,并命名为 txtChatList。添加第 4 个 div,设置 dir 属性为 ltr,设置 style 属性代码如下:background-color: #C0C0C0; line-height: 40px; width: 80%; height: 40px; float: left,在第 4 个 div 框中拖入 1 个 Label 控件,并命名为"Lblname",拖入 1 个 TextBox 控件,并命名为"TxtChatContext"。在第 4 行 TextBox 控件的右边,添加第 5 个 div,设置 dir 属性为 ltr,设置 style 属性代码如下:line-height: 40px; height: 40px; width: 21%; float: left; clear: right; background-color: #808080; text-align: center,在第 5 个 div 中拖入 Button,并命名为"BtnSubmit"。以上控件属性设置如表 13.3 所示。

表 13.3 Main.aspx 窗体控件属性设置

控件类型	控件名	属性名称	属性值
Label	Zx	ID	Zx
		Text	空
		Font/Size	10pt
	Zrs	ID	Zrs
		Text	空
		Font/Size	10pt
	LblName	ID	LblName
		Text	空
TextBox	TxtChatList	ID	TxtChatContext
		BackColor	#FFCCFF
		ForeColor	#0033CC
		Height	300px
		TextMode	MultiLine
		Width	100%
	TxtChatContext	ID	TxtChatContext
Button	BtnSubmit	ID	BtnSubmit
		Text	提 交

13.2.5 添加数据库

在 Lts 文件夹中,打开 App_Data 文件夹,在该文件夹中新建名为"Database.accdb"的文件,在数据库中创建名为"yonghu"的数据表,数据表结构如图 13.6 所示。

图 13.6 yonghu 数据表结构

13.2.6 设置 Web.Config 文件

运行 Dl.aspx,再关闭该窗口,在资源管理器中,双击 Web.Config 文件,在<configuration></configuration>中添加如下代码:

```
<appSettings >
<add key= "ConnectionString" value= "Provider=Microsoft. ACE. OleDb. 12.0; Data Source=|DataDirectory|database.accdb"/>
 </appSettings>
```

13.2.7 添加全局文件 Global.asax 文件

在网站根目录单击鼠标右键,选择"添加新项",弹出"添加新项"对话框,选择"全局应用程序类",单击"添加"按钮,添加全局应用程序类。双击 Global.asax 文件,在其中相应事件中添加如下代码:

```
void Application_Start(object sender, EventArgs e)
{
    //在应用程序启动时运行的代码
    Application["user_online"] = 0;
    Application["chat"] = "";
}
void Session_Start(object sender, EventArgs e)
{
    //在新会话启动时运行的代码
  Session["user_count"] = 0;
}
```

13.2.8 添加代码

双击 Dl.aspx 文件打开页面,在设计窗口双击 Button1 按钮,在 Button1_Click 事件中添加如下代码:

```
int a = 0,b=0;
String constr = System.Configuration.ConfigurationManager.AppSettings["ConnectionString"];
OleDbConnection con = new OleDbConnection(constr);
con.Open();
OleDbCommand my = new OleDbCommand("select * from yonghu ", con);
OleDbDataAdapter dat = new OleDbDataAdapter();
dat.SelectCommand = my;
DataSet dsa = new DataSet();
dat.Fill(dsa, "yonghu");
```

```
foreach (DataRow dr in dsa.Tables["yonghu"].Rows)
{
    if (dr["zh"].ToString().Equals(name.Text)) a = 1;
    if (dr["mima"].ToString().Equals(pass.Text)) b= 1;
}
if (a < 1) { ts.Visible = true; yz.Visible = false; }
else if (b < 1) { ts.Visible = false ; yz.Visible = true; }
if (a+b>1) Response.Redirect("main.aspx");
else yhzc.Visible = true;
```

同时在该页面的顶部添加命名空间：using System.Data.OleDb; using System.Data。在页面的 Page_Load 过程中添加代码：

```
Session["name"] = name.Text;
```

双击 Register.aspx 文件打开页面，在设计窗口双击 Button1 按钮，在 Button1_Click 事件中添加如下代码：

```
String constr = System.Configuration.ConfigurationManager.AppSettings["ConnectionString"];
OleDbConnection con = new OleDbConnection(constr);
con.Open();
OleDbDataAdapter sp = new OleDbDataAdapter();
sp.SelectCommand = new OleDbCommand("select * from yonghu", con); DataSet sjj = new DataSet();
sp.Fill(sjj, "yonghu");
sjj.Tables["yonghu"].Rows.Add(yhm.Text,mm.Text);
OleDbCommandBuilder xy = new OleDbCommandBuilder(sp);
sp.Update(sjj, "yonghu");
HyperLink1.Visible = true;
```

同时，在该页面顶部添加命名空间：using System.Data.OleDb; using System.Data。

双击 Main.aspx 文件打开页面，在设计窗口双击 BtnSubmit 按钮，在 BtnSubmit_Click 事件中添加如下代码：

```
string newmessage = Session["name"] + ": " + DateTime.Now.ToString() + "\r" + txtChatContext.Text + "\r" + Application["chat"];
if (newmessage.Length > 500)
    newmessage = newmessage.Substring(0,499);
Application.Lock();
Application["chat"] = newmessage;
Application.UnLock();
lblName.Text = "";
    txtChatList.Text = Application["chat"].ToString();
```

在main.aspx文件的Page_Load中添加如下代码:

```
if (Session["name"] != null)
    {
        txtChatList.Text = Application["chat"].ToString();
        lblName.Text = Session["name"].ToString();
        Application["user_online"]= int.Parse(Application["user_online"].ToString()) +1;
        zx.Text = "网站共有" +Application["user_online"] + "人访问";
        Session["user_count"]=int.Parse(Session["user_count"].ToString())+1;
        zrs.Text = "当前有" + Session["user_count"].ToString() + "人在线";
        Response.AddHeader("refresh","30");
    }
    else
        Response.Redirect("dl.aspx");
```

13.2.9 运行

在资源管理器中选择Dl.aspx文件,单击鼠标右键,选择"设为起始页"项,再单击工具栏启动调试按钮" ▶ "运行应用程序,可得图13.1～图13.4所示效果。

13.3 知 识 链 接

13.3.1 ASP.NET 内置对象

ASP.NET提供的内置对象有Page、Response、Request、Application、Session、Server。通过ASP.NET内置对象,在ASP.NET页面上以及页面之间可方便地实现获取、输出、传递、保留各种信息等操作,以完成各种复杂的功能。

13.3.2 Global.asax 文件

全局应用程序文件Global.asax,主要用来定义在整个应用程序范围可用的全局变量、对象和数据,响应全局事件,ASP.NET应用程序中只能包含一个Global.asax,必须存放在ASP.NET应用程序的虚拟根目录下。Global.asax支持3种类型的元素。

1. 全局指令

全局指令也称为应用程序指令,它为ASP.NET编译引擎提供了适用于整个应用程序的指令。Global.asax文件支持3种类型的全局指令:@Application指令、@Import指令和@Assembly指令。@Application指令通过Description属性实现向应用程序添加描述性文本,通过Inherits属性实现从另一个应用中动态编译出一个类来继承使用;@Import指令实现显示导入一个命名空间到应用程序,应用程序可以使用命名空间中定义的各种类和接口来完成特定的功能;@Assembly 指令实现在页面编译时产生到 assemblyname 的连接,这样就可以使用集合中的类及接口。

2. 全局事件处理程序

全局事件就是应用于整个应用程序的事件,通过在 Global.asax 中添加处理程序来处理它。如当应用程序启动或停止时,激发 Start 和 End 全局事件,则需要在 Global.asax 文件中添加名为 Application_Start 和 Application_End 的处理程序。当应用程序收到它的第一个请求时调用 Application_Start,这个程序通常被用来初始化应用程序的状态或 ASP.NET 应用程序缓存,它使用的数据是应用程序的全局数据即被应用程序的所有用户共享的数据。当应用程序关闭或完成当前的请求后,ASP.NET 会触发 Application_End 事件,重新启动应用程序,关闭所有浏览器会话,刷新所有的状态信息。

3. 全局对象标记

全局对象标记就是用<object>标记声明一个.NET framework 类的全局对象,在应用程序运行的过程中,可以通过对象的 ID 来调用此对象实例。例如我们想为每个访问我们站点的用户创建一个新的 ProgID 实例,则应该如下设置:

<object id="myobject" class="ProgID" scope="session" runat="server"/>

<object>标记的 Scope 属性为它创建的对象实例分配一个作用域。Scope="Application" 创建一个被应用程序的所有用户共享的对象实例。Scope="Session"创建一个会话范围的对象实例。Scope="Pipeline"为每个请求创建一个唯一的对象实例。

13.3.3　Server 对象

Server 对象是 HttpServerUtility 的一个实例。该对象提供对服务器上的方法和属性的访问。Server 对象的常用属性有:

(1) MachineName 属性。该属性用于获取服务器计算机的名称。

(2) ScriptTimeout 属性。该属性用于获取或设置请求超时的时间(秒)。

Server 对象的常用方法及说明如表 13.4 所示。

表 13.4　Server 对象的常用方法及说明

方　法	描　述
Execute(path)	跳转到 path 指定的另一个页面,在另一个页面执行完毕后返回当前页
Transfer(path)	终止当前页的执行,并为当前请求开始执行 path 指定新页
MapPath(path)	返回与 Web 服务器上的指定虚拟路径(path)相对应的物理文件路径
CreateObject	创建 COM 对象的一个服务器实例
UrlDecode(str)	对 URL 字符串进行解码,该字符串为了进行 HTTP 传输而进行编码并在 URL 中发送到服务器
UrlEncode(str)	以便通过 URL 从 Web 服务器到客户端进行可靠的 HTTP 传输,对 URL 字符串(str)进行编码

13.3.4　Session 对象

Session 即会话,是指一个用户在一段时间内对某一个站点的一次访问。Session 对象在 .NET 中对应 HttpSessionState 类,表示"会话状态",可保存与当前用户会话相关的信息。

Session 对象用于存储从一个用户开始访问某个特定的 aspx 的页面起,到用户离开为止,特定的用户会话所需要的信息。用户在应用程序的页面切换时,Session 对象的变量不会被清除。

对于 Web 程序而言,所有用户访问到的 Application 对象的内容是完全一样的;但是不同用户会话访问到的 Session 对象的内容则各不相同。Session 可以保存变量,该变量只能供一个用户使用,也就是说,每一个网页浏览者都有自己的 Session 对象变量,即 Session 对象具有唯一性。Session 对象有生命周期,默认值为 21 分钟,可以通过 TimeOut 属性设置会话状态的过期时间。如果用户在该时间内不刷新页面或请求站点内的其他文件,则该 Session 就会自动过期,而 Session 对象存储的数据信息也将永远丢失。

将新的项添加到会话状态中的语法格式为:

Session ["键名"] = 值;

或者

Session.Add("键名" ,值);

按名称获取会话状态中的值的语法格式为:

变量 = Session ["键名"];

删除会话状态集合中的项的语法格式为:

Session.Remove("键名");

清除会话状态中的所有值的语法格式为:

Session.RemoveAll();

或者

Session.Clear();

取消当前会话的语法格式为:

Session.Abandon();

设置会话状态的超时期限,以分钟为单位。语法格式为:

Session.TimeOut = 数值;

Session 对象的常用属性和方法及说明如表 13.5 和表 13.6 所示。

Session 对象的事件如下:

(1) Start 事件。在创建会话时发生。

(2) End 事件。在会话结束时发生。

例如:使用 Session 保存用户登录信息。

创建 Login、aspx 页面,在其中添加两个 Textbox 和两个 Button 控件,然后添加"登录"按钮的 Click 事件,在该事件中使用 Session 对象记录用户名和用户登录的时间,并跳转到 Welcome.aspx 页面,其登录事件代码如下。

表 13.5 Session 对象的常用属性及说明

属 性	描 述
Count	获取 Session 对象集合中子对象的数量
Keys	获取存储在会话中的所有值的集合
IsCookieless	获取一个布尔值,表示 SessionID 存放在 Cookies 还是嵌套在 URL 中,True 表示嵌套在 URL 中
IsNewSession	获取一个布尔值,该值表示 Session 是否与当前请求一起创建的,若是一起创建的,则表示是一个新会话
IsReadOnly	获取一个布尔值,该值表示 Session 是否为只读
SessionID	获取唯一标识 Session 的 ID 值
Timeout	获取或设置 Session 对象的超时时间(以分钟为单位)
Mode	获取当前会话状态模式

表 13.6 Session 对象的常用方法及说明

方 法	描 述
Add	新增一个 Session 对象
Abandon()	取消当前会话
Clear()	从会话状态集合中移除所有的键和值
Remove()	删除会话状态集合中的项
RemoveAll()	删除会话状态集合中所有的项

```
if (txtUserName.Text == "mr" && txtPwd.Text == "mrsoft")
    {
        Session["UserName"] = txtUserName.Text;//使用 Session 变量记录用户名
        Session["LoginTime"] = DateTime.Now;//使用 Session 变量记录用户登录系统的
时间
        Response.Redirect("Welcome.aspx");//跳转到主页
    }
    else
    {
        Response.Write("<script>alert('登录失败! 请返回查找原因');location='Login.
aspx'</script>");
    }
```

取消事件代码如下:

```
txtPwd.Text = "";
txtUserName.Text = "";
```

添加一个新页面 Welcome.aspx,将 Session 对象保存的用户登录信息显示在该页面上,代码如下:

```
Response.Write("欢迎用户" + Session["UserName"].ToString() + "登录本系统!<br>");
Response.Write("您登录的时间为:" + Session["LoginTime"].ToString());
```

设置 Login.aspx 页面为起始页,输入用户名和密码,运行效果如图 13-7 所示。

图13.7　登录效果

13.3.5　Application 对象

ASP.NET 应用程序是单个 Web 服务器上的某个虚拟目录及其子目录范围内的所有文件、页、处理程序、模块和代码的总和。在 ASP.NET 中,使用 Application 对象代表 ASP.NET Web 应用程序的运行实例。一个 Web 站点可以包含不止一个 ASP.NET 应用程序,而每个 ASP.NET 应用程序的运行实例都可以由一个 Application 对象来表达。可以将任何对象作为全局变量存储在 Application 对象中。

Application 对象使给定应用程序的所有用户之间共享信息,并且在服务器运行期间持久地保存数据。因为多个用户可以共享一个 Application 对象,所以必须要有 Lock 和 Unlock 方法,以确保多个用户无法同时改变某一属性。Application 对象成员的生命周期止于关闭 IIS 或使用 Clear 方法清除。Application 对象的常用属性和方法及说明如表13.7和表13.8所示:

表 13.7　Application 对象的常用属性及说明

属　　性	描　　述
AllKeys	获取 HttpApplicationState 集合中的访问键
Count	获取 HtpApplicationState 集合中的对象数

表 13.8　Application 对象的常用方法及说明

属　　性	描　　述
Add	新增一个新的 Application 对象变量
Clear	清除全部的 Application 对象变量
Get	使用索引关键字或变量名称得到变量值
GetKey	使用索引关键字来获取变量名称
Lock	锁定全部的 Application 变量
Remove	使用变量名称删除一个 Application 对象
RemoveAll	删除全部的 Application 对象变量
Set	使用变量名更新一个 Application 对象变量的内容
UnLock	解除锁定的 Application 变量

Application 对象的常用事件如下:

(1) Start 事件。该事件在应用程序启动时被触发。

(2) End 事件。该事件在应用程序结束时被触发,即 Web 服务器关闭或重新启动时被触发。

(3) BeginRequest 事件:在每个请求开始时激发。

（4）AuthenticateRequest事件：尝试对使用者进行身份验证时激发。

（5）Error事件：在发生错误时激发。

使用Application对象保存数据时语法如下：

Application["对象名"] = 对象值;

或：

Application.Add("对象名",值);

修改Application对象的数据语法如下：

Application.Lock();

Application["变量名"]="变量值";

Application.UnLock();

获取Application对象的信息语法如下：

变量名 = Application["对象名"];

变量名 = Application.Get("对象名");

更新Application对象的值语法如下：

Application.Set("对象名",值);

Application["对象名"] = 值;

删除一个键语法如下：

Application.Remove("对象名",值);

删除所有键语法如下：

Application.RemoveAll();

或

Application.Clear();

注意：Application("对象名")的返回值是一个Object类型的数据，操作时应注意数据类型的转换。

13.3.6　HyperLink 控件

HyperLink控件可以在网页上创建链接，使用户可以在应用程序中的各个网页之间移动。HyperLink控件可以显示可单击的文本或图像。与大多数 ASP.NET 控件不同，用户单击HyperLink控件并不会在服务器代码中引发事件，此控件只起到导航的作用。它的常见属性及说明如表13.9所示。

表13.9　HyperLink的常见属性及说明

属　　性	描　　述
ImageUrl	显示此链接的图像 URL
NavigateUrl	该链接的目标 URL
Target	URL 的目标框架
Text	显示该链接的文本

13.3.7 OleDbCommandBuilder 对象

OleDbCommandBuilder对象自动生成SQL语句完成对数据库的增删改操作。使用语法如下:

SqlCommandBuilder builder = new SqlCommandBuilder(已创建的DataAdapter对象);

使用步骤:

(1) 自动生成用于更新的相关命令。

OleDbCommandBuilder=new OleDbCommandBuilder(已创建的DataAdapter对象);

(2) 将DataSet的数据源提交到数据源。

DataAdapter对象.Update(数据集对象,"数据表名称字符串");

例如本任务中部分代码如下:

OleDbDataAdapter sp = new OleDbDataAdapter();

sp.SelectCommand = new OleDbCommand("select * from yonghu",con);

DataSet sjj = new DataSet();

sp.Fill(sjj,"yonghu");

sjj.Tables["yonghu"].Rows.Add(yhm.Text,mm.Text);

OleDbCommandBuilder xy = new OleDbCommandBuilder(sp);

sp.Update(sjj,"yonghu");

使用OleDbCommandbuilder对象必须注意以下几点:

(1) 必须与DataAdapter结合使用。

(2) 实例化OleDbCommandBuilder对象前,必须先指定好数据适配器的填充命令(SelectCommand)。

(3) 填充命令(Select 语句)中返回的列要包括主键列,否则将无法产生Update和Delete语句。

(4) 使用命令构建器比手动编写SQL更好,但是它们只能处理一个表,底层的数据库表必须有主键或唯一键。另外,数据适配器的SelectCommand属性必须有一个包含主键的查询。

习　题

1. 选择题

(1) 在应用程序的各个页面中传递值,可以使用内置对象 (　　)。

    A. Request　　　　B. Application　　　　C. Session　　　　D. 以上都可以

(2) 关于Session对象的属性,下列说法正确的是(　　)。

    A. Session的有效期时长默认为90秒,且不能修改

    B. Session的有效期时长默认为20分钟,且不能修改

  C. SessionID可以存储每个用户Session的代号,是一个不重复的长整型数字

  D. 以上全都错

(3) Response内置对象中,将客户端重定向到新URL的方法是(　　)。

  A. Response   B. Redirect   C. SwitchTo D. Goto

(4) 可以从客户端获取信息的ASP内置对象是(　　)。

  A. Response   B. Request   C. Session D. Application

(5) 下列不属于Response对象的方法的是(　　)。

  A. Write   B. End   C. Abandon D. Redirect

(6) Response对象的(　　)属性可以用于表明页输出是否被缓冲。

  A. TotalBytes   B. ContentType C. Status   D. Buffer

(7) 下列Response对象的用法错误的是(　　)。

  A. <% Response.Write(输出到浏览器信息)%>

  B. <% = "输出到浏览器信息" %>

  C. <% Response.End %>

  D. 以上全都正确

(8) 获取服务器名称应使用(　　)对象。

  A. Response   B. Request   C. Context D. Server

(9) 将虚拟路径映射到服务器上的物理路径,应使用Server对象的(　　)方法。

  A. MapPath   B. Map   C. Path   D. MachineName

(10) 返回接受请求的服务器地址的环境变量是(　　)。

  A. SERVER_ADDR   B. REMOTE_ADDR

  C. LOCAL_ADDR   D. URL

(11) Session默认的有效期为(　　)。

  A. 1分钟   B. 20分钟   C. 1小时   D. 24小时

(12) 下列有关Global.asa文件的叙述,正确的是(　　)。

  A. 该文件对于ASP应用程序是一个必选文件

  B. 该文件可位于站点的任何目录下

  C. 该文件主要用于请求并响应Application和Session对象的相关事件

  D. 该文件的文件名可以改变

(13) 在程序的所有用户中共享信息要使用(　　)。

  A. Server对象 B. Session对象 C. Application对象 D. Cookie对象

(14) 用来存储一个客户端信息的ASP.NET内置对象是(　　)。

  A. Application对象 B. Session对象 C. Server对象   D. Page对象

(15) HyperLink控件的(　　)属性可以设置超链接将要定位的目标网页的URL。

  A. Text   B. NavigateUrl C. Target   D. ImageUrl

2. 操作题

完成本任务的设计与开发。

任务14 母版设计与应用

14.1 任 务 描 述

ASP.NET母版技术可以为Web应用程序创建统一的界面和样式,还可以在同一站点的多个页面共同使用一个内容,因此它可以建立统一风格的功能网站,便于管理和维护,提高开发效率。该任务通过设计母版,建立多个具有统一风格的网页,具体效果如图14.1、图14.2、图14.3所示。

图14.1 网站首页

图 14.2　班级信息表网页

图 14.3　网页之一

14.2　操　作　步　骤

14.2.1　启动 Microsoft Visual Studio 应用程序

选择"开始"→"程序"→"Microsoft Visual Studio",打开应用程序主窗口。

14.2.2　创建网站

选择"文件"→"新建"→"项目",打开"新建项目"对话框,选择"ASP.NET Web 应用程序(.NET Framework)",单击下一步,在"位置"下拉列表框中选择相应位置,创建项目名称为"ch14"的 ASP.NET Web 应用程序(.NET Framework),选择空,单击"创建",创建空的 ASP.NET Web 应用程序(.NET Framework)。

14.2.3　素材准备

在解决方案资源管理器窗口根目录单击鼠标右键,选择"添加现有项",选择准备好的图片文件 xx.jpg,单击"确定"按钮,即可加入本站点。单击"App_Data"文件夹,鼠标右键选择"添加现有项",将"学籍管理系统.accdb"文件添加到该文件夹。

14.2.4　设计母版

在站点根目录单击鼠标右键,选择"添加新项",弹出"添加新项"对话框,选择"母版页"模板,保存为"MasterPage.master"文件。打开 MasterPage.master 的"设计"视图,页面中只包含一个 ContentPlaceHolder 控件,ContentPlaceHolder 控件起占位符的作用,它指定继承该母版的窗体页面的可编辑区域。在该页面中插入4行1列的表格,设置如图14.4所示。在第1行中插入 image 控件,并设置它的 ImageUrl 属性值为 xx.jpg。选择表格第2行,单击"style"属性,弹出"样式生成器"对话框,选择"背景"项,设置该行背景颜色为#ff9966。同样设置表格第4行的颜色也为#ff9966,并输入文字"阜阳市阜南路465号阜阳职业技术学院　邮编:236031"。再将 ContentPlaceHolder 拖入表格第3行,并在该区域插入1行1列表格,设置如图14.4所示。

14.2.5　导航设计

在表格第2行,插入 Menu 控件。设置 Items 菜单编辑器如图14.5所示,设置 Orientation 值为 Horizontal,设置 StaticDisplayLevels 值为2,设置 StaticEnableDefaultPopOutImage 值为 False,设置 DynamicHorizontalOffset 值为15,设置 DynamicVerticalOffset 值为4。

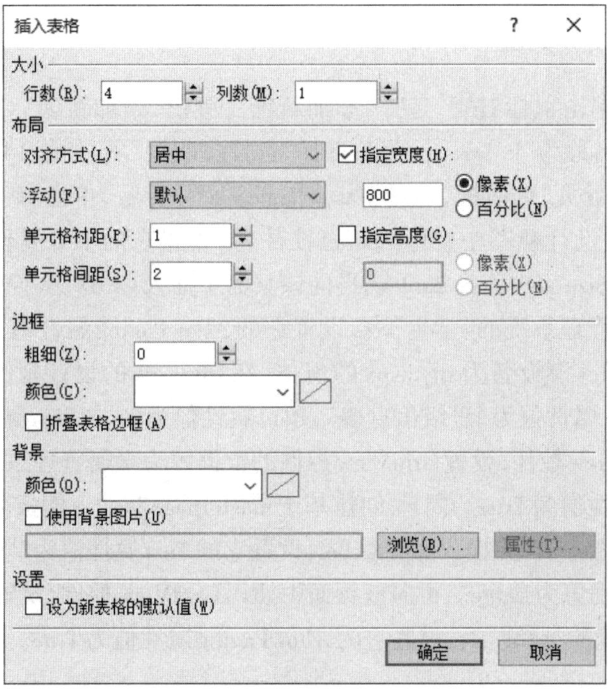

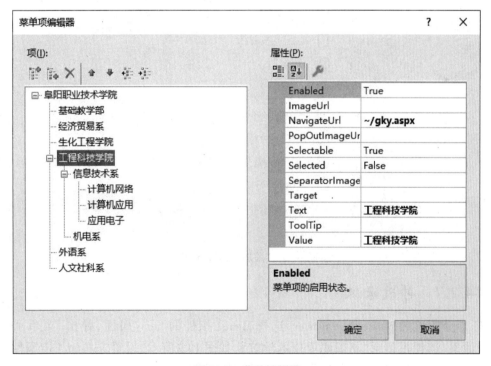

图14.4 "插入表格"对话框

图14.5 菜单编辑器

14.2.6 应用母版

在站点根目录单击鼠标右键,选择"添加新项",弹出"添加新项"对话框,选择"Web 窗体"模板,设置窗体名称为"Index.aspx",并选择"选择母版页"项,如图 14.6 所示,单击"添加"按钮,弹出"选择母版页"对话框,选择 MasterPage.master 母版,单击"确定"生成窗体文件。在 index.aspx 文件的设计视图中,插入 Label 控件,并设置它的 Text 属性为"学生信息表",Bold 属性值为 True,Size 属性值为 Large。再向该页面中插入 GridView 控件,设置 GridView 控件的数据源为学籍管理系统的"学生"表,设置它的 AllowPaging 属性值为 True。同理,创建基于 masterpage.master 模板名为 shy.aspx 的窗体,在 shy.aspx 的设计视图中,首先插入标签 Label,设置它的 Text 属性值为"班级信息表",Bold 属性值为 True,Size 属性值为 Large。再向该页面中插入 GridView 控件,设置 GridView 控件的数据源为学籍管理系统的"班级"表,设置它的 AllowPaging 属性值为 True。同理,创建基于 masterpage.master 模板名为 gk.aspx 的窗体,在 gk.aspx 的设计视图中,首先插入标签 Label,设置它的 Text 属性值为"学生成绩表",Bold 属性值为 True,Size 属性值为 Large。再向该页面中插入 GridView 控件,设置 GridView 控件的数据源为学籍管理系统的"成绩"表,设置它的 AllowPaging 属性值为 True。

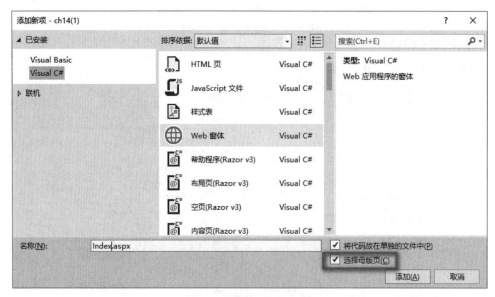

图 14.6 "添加新项"对话框

14.2.7 修改母版

打开母版文件 MasterPage.master,选择 Menu1 控件的 Items 属性,弹出"菜单项编辑器"对话框,选择根目录"阜阳职业技术学院",如图 14.7 所示,设置 NavigateUrl 属性值为 Index.aspx,如图 14.8 所示。同理,设置"工程科技学院"菜单项的 NavigateUrl 值为 gk.aspx,设置"生化学院"菜单项的 NavigateUrl 值为 shy.aspx。

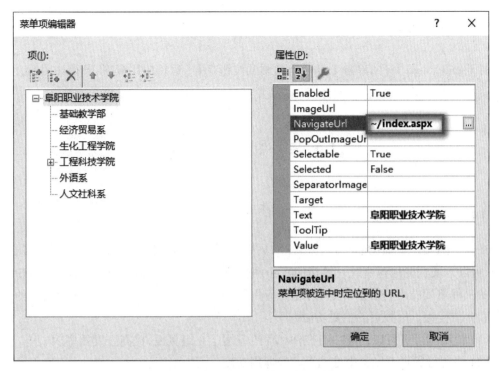

图14.7 "菜单项编辑器"对话框

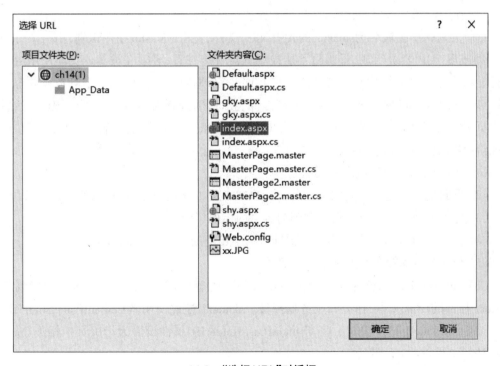

14.8 "选择URL"对话框

14.2.8 运行

打开 index.aspx 文件,单击工具栏启动调试按钮" ▶ "运行应用程序,可得如图 14.1 所示效果,单击"工程科技学院"和"生化学院"菜单则显示如图 14.2 和图 14.3 所示效果。

14.3 知 识 链 接

14.3.1 母版页

在同一网站的页面中通常包含同样的页眉、菜单、页脚等公共区域,把这些内容制作成模板,可以方便快捷地建立统一风格的 Web 网站,并且容易管理和维护。母版页是 ASP.NET 提供的一种重要技术,使用母版页可以为应用程序中的所有页(或一组页)创建统一的用户界面和标准行为。母版页的主要功能如下:

(1) 使用母版页可以创建一组控件和代码应用于一组页面,提高开发效率。

(2) 使用母版页可以集中处理页面的通用功能。

(3) 使用母版页可以对网页创建一致的布局。

(4) 使用母版页可以简化维护、扩展和修改网站的过程。

母版页是一个扩展名为 .master 的 ASP.NET 文件,它由 @Master 指令识别,由一个母版页和一个(或多个)内容页组成,母版页不能被浏览器直接查看,必须在被其他页面使用后才能进行显示。母版页的结构基本与 Web 窗体相同,一个母版页至少包含一个可替换内容的占位符 ContentPlaceHolder 控件,这些占位符控件表示这部分有内容,只是内容不确定,然后在内容页中定义可替换占位符的内容,运行时,母版页和内容页将会整合形成结果页面,然后呈现给用户的浏览器,具体执行过程如下:

(1) 通过 URL 指令加载内容页面。

(2) 页面指令被处理。获取页面后,读取 HTML 中的 @Page 指令,读取所引用的母版页。

(3) 包含更新内容的母版页合并到内容页的控件树中。

(4) 各个 Content 控件的内容合并到母版页中相应的 ContentPlaceHolder 控件中。

(5) 合并的页面被加载并显示给浏览器。

ContentPlaceHolder 控件在母版页中定义相对内容区域,并呈现在内容页中找到相关 Content 控件的所有文本、标记和服务器控件。Content 控件使用其 ContentPlaceHolderID 属性与 ContentPlaceHolder 关联。将 ContentPlaceHolderID 属性设置为母版页中相关 Content-PlaceHolder 控件的 ID 属性值。

14.3.2 站点导航

对于一个拥有数以千计的网页,导航就变得非常重要,良好的导航系统便于用户在多个页面间来回浏览,不至于迷失在网页中,增加应用程序的可交互性。因此,站点导航是 Web

应用程序的重要组成部分。ASP.NET 提供了内置的站点导航技术,主要包括站点地图和 ASP.NET 导航控件,具体功能介绍如下。

1. 站点地图

站点地图可以描述站点的逻辑结构。站点地图是一种以 .sitemap 为扩展名的标准 XML 文件,主要为站点导航控件提供站点层次结构信息,默认名为 Web.sitemap。站点地图是一个标准 XML 文件。其中,第一个标记用于标识版本和编码方式,siteMap 是站点地图根节点标记,包含若干个 SiteMapNode 子节点,一个 SiteMapNode 子节点下又可以包含若干个 SiteMapNode 子节点,构成一种层次结构。SiteMapNode 节点的常用属性及说明如表 14.1 所示。

表 14.1　<SiteMapNode>元素节点的常用属性及说明

属　　性	描　　述
Url	设置用于节点导航的 URL 地址。在整个站点地图文件中,该属性必须唯一
Title	设置节点名称
Description	设置节点说明文字
Key	定义当前节点的关键字
Roles	定义允许查找该站点地图文件的角色集合,多个角色可用分号(;)或逗号(,)分隔
Provider	定义处理其他站点地图文件的站点导航提供程序名称,默认为 XmlSiteMapProvider
SiteMapFile	设置包含其他相关 SiteMapNode 元素的站点地图文件

例:在 web.sitemap 中追加前台页面文件结构,在母版页中添加 SiteMapPath 控件。建立网站的站点地图 web.sitemap,代码如下:

```
<?xml version="1.0" encoding="utf-8" ?>
<siteMap xmlns="http://schemas.microsoft.com/AspNet/SiteMap-File-1.0" >
    <siteMapNode url="~\Default.aspx" title="新知书店" description="">
        <siteMapNode url="BookList.aspx" title="图书列表页" description=""/>
        <siteMapNode url="Search.aspx" title="搜索页" description=""/>
        <siteMapNode url="" title="订单查询" description="" />
        <siteMapNode url="ShoppingCart.aspx" title="购物车" description="" />
        <siteMapNode url="~\BookDetail.aspx" title="图书详细页" description="" />
        <siteMapNode Id="" url="" title="会员后台" description="">
            <siteMapNode url="~\Membership\Register.aspx" title="用户注册" description="" />
            <siteMapNode url="~\Membership\Login.aspx" title="用户登录" description="" />
            <siteMapNode url="~\Membership\UserModify.aspx" title="修改个人信息" description="" />
            <siteMapNode url="" title="退出登录" description="" />
        </siteMapNode>
    </siteMapNode>
</siteMap>
```

2. ASP.NET导航控件

ASP.NET导航控件在网页上显示导航菜单，主要包括Menu控件、TreeView控件和SiteMapPath控件。

TreeView控件又称为树形导航控件。它的形式类似于一棵横向的树，可以展开或折叠树的节点来分类查看、管理信息。TreeView控件由节点组成。树中的每个项都称为一个节点，它由一个TreeNode对象表示。节点类型的定义如下：

（1）包含其他节点的节点称为父节点（ParentNode）。

（2）被其他节点包含的节点称为子节点（ChildNode）。

（3）没有子节点的节点称为叶节点（LeafNode）。

（4）不被其他任何节点包含同时是所有其他节点的上级的节点是根节点（RootNode）。

一个节点可以同时是父节点和子节点，但是不能同时为根节点、父节点和叶节点。节点为根节点、父节点还是叶节点决定着节点的几种可视化属性和行为属性。TreeView控件的常用属性及说明如表14.2所示，常用事件及说明如表14.3所示。

表14.2　TreeView控件的常用属性及说明

属　　性	描　　述
ShowCheckBox	设置旁边应显示复选框的节点类型
Target	节点被选中时使用的定位目标
ToolTip	获取或设置节点的工具提示文本
DataSourceID	该属性指定TreeView控件的数据源控件的ID属性
ExpandDepth	数据绑定时，默认情况下展开树的多少级别
Nodes	Nodes属性是TreeView控件中所有节点的集合，用来遍历所有节点，可以进行添加、删除、修改和检索操作
AutoGenerateDataBinding	是否自动生成树节点绑定
CollapseImageUrl	节点折叠后的图像
CollapseImageToolTip	可折叠节点指示符所显示图像的提示文字
EnableClientScript	是否允许在客户端处理展开和折叠事件
ExpandImageUrl	节点展开后的图像
ExpandImageToolTip	可展开节点的指示符所显示图像的提示文字
ImageSet	TreeView控件的图像组
LineImagesFolder	连接子节点和父节点的线条图像的文件夹路径
MaxDataBindDepth	绑定TreeView控件的最大级别数
NodeIndent	TreeView控件子节点的缩进量
NodeWrap	空间不足时节点中的文本是否换行
NoExpandImageUrl	无子节点的节点图像
PathSeparator	节点之间路径的分隔符
PopulateNodesFromClient	是否启用客户端构建节点的功能
ShowExpandCollapse	是否显示展开节点的提示符
ShowLines	是否显示连接树节点的线

表 14.3 TreeView 控件的常用事件及说明

事 件	描 述
SelectedNodeChanged	当选择 TreeView 控件中的节点时发生
TreeNodeCheckChanged	当 TreeView 控件中的复选框在向服务器的两次发送过程之间状态有所更改时发生
TreeNodeCollapsed	当折叠 TreeView 控件中的节点时发生
TreeNodeDataBound	当数据项绑定到 TreeView 控件中的节点时发生
TreeNodeExpanded	当扩展 TreeView 控件中的节点时发生
TreeNodePopulate	当其 PopulateOnDemand 属性设置为 True 的节点在 TreeView 控件中展开时发生

例如：可以用之前创建的站点地图文件作为数据源，这里就新建页面 WebForm1.aspx，并拖入 TreeView 控件，右击该控件，在弹出的快捷菜单中选择"显示智能标记"命令，弹出"TreeView 任务"智能提示信息，如图 14.9 所示。

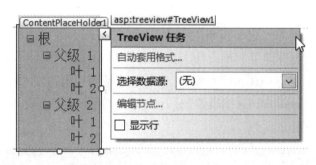

图 14.9 TreeView 任务

刚才使用了站点地图文件作为 TreeView 控件的数据源，但由于一般的树形目录不会把所有页面列出来，在这种情况下，应使用 XML 文件作为数据源，显示用户所需的导航信息。下面通过一个例子说明 TreeView 控件与 XML 文件的数据绑定。图 14.10 是要显示的树形目录。具体步骤如下：

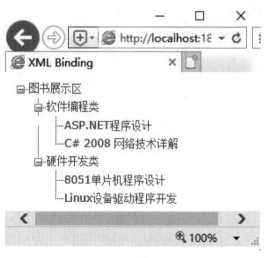

图 14.10 树形目录

（1）首先需要编写一个XML文件booke.xml。该XML文件的格式可参考站点地图文件的内容。与站点地图相比,这里需要的XML文件没有过多的限制条件,代码如下:

```
<?xml version="1.0" encoding="utf-8" ?>
<Books  Title="图书展示区">
  <Category id="software" text="软件编程类">
    <book id="book1" Text="ASP.NET程序设计"/>
    <book id="book2" Text="C# 2008 网络技术详解"/>
  </Category>
  <Category id="Hardware" text="硬件开发类">
    <book id="book1" Text="8051单片机程序设计"/>
    <book id="book2" Text="Linux设备驱动程序开发"/>
  </Category>
</Books>
```

（2）设置XML数据源。这一步和使用站点地图文件作为数据源的方式一样,只是要选择"XML文件"作为数据源即可。单击"确定"按钮后,弹出"配置数据源"对话框。

（3）编辑数据绑定。如图14.11所示,单击智能提示信息中的"编辑TreeNode数据绑定",打开"TreeView DataBindings编辑器"对话框。添加要绑定的节点,然后在右侧设置绑定的元素,如图14.12所示。

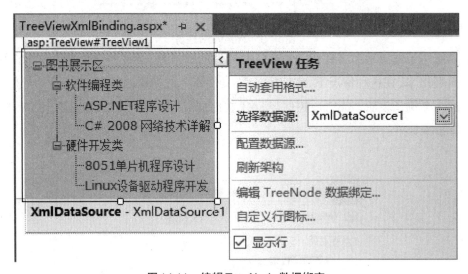

图14.11　编辑TreeNode数据绑定

Menu控件又称为菜单控件,显示一个可展开的菜单,让用户可以遍历访问站点中的不同页面。Menu控件由菜单项(MenuItem)组成,顶级菜单项称为根菜单项,具有父菜单项的菜单项称为子菜单项,所有菜单项都存储在Items集合中,子菜单项存储在父菜单项的ChildItems集合中。Menu控件包含两种显示模式:静态模式和动态模式。静态模式即Menu控件始终是完全展开的,整个结构都是可视的,用户可以单击任何部分;动态模式即Menu控件根据用户需求静态显示部分菜单,其余则只有当用户将鼠标指针放置在父节点上时才会显示其子菜单项。Menu控件和菜单项的常用属性及说明如表14.4和表14.5所示。

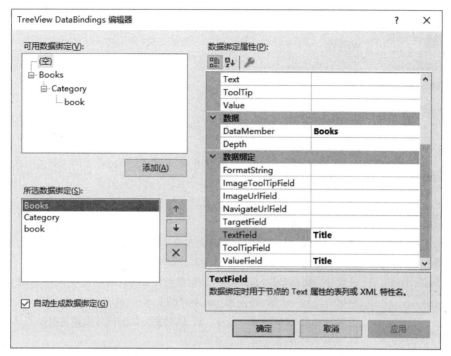

图14.12　"TreeView DataBindings编辑器"对话框

表 14.4　Menu 控件的常用属性及说明

属　性	描　述
Controls	已重写。获取 ControlCollection,其中包含 Menu 控件的子控件
ControlStyle	获取 Web 服务器控件的样式。此属性主要由控件开发人员使用
ControlStyleCreated	获取一个值,该值指示是否已为 ControlStyle 属性创建了 Style 对象
CssClass	获取或设置由 Web 服务器控件在客户端呈现的级联样式表(CSS)类
DataBindings	获取 MenuItemBinding 对象的集合,这些对象定义数据项和它所绑定到的菜单项之间的关系
DataSource	获取或设置对象,数据绑定控件从该对象中检索其数据项列表
DisappearAfter	获取或设置鼠标指针不再置于菜单上后显示动态菜单的持续时间
DynamicBottomSeparato-rImageUrl	获取或设置图像的 URL,该图像显示在各动态菜单项底部,将动态菜单项与其他菜单项隔开
DynamicEnableDefault-PopOutImage	获取或设置一个值,该值指示是否显示内置图像,其中内置图像指示动态菜单项具有子菜单
DynamicHorizontalOffset	获取或设置动态菜单相对于其父菜单项的水平移动像素数
DynamicHoverStyle	获取对 Style 对象的引用,使用该对象可以设置鼠标指针置于动态菜单项上时的菜单项外观
DynamicItemFormat-String	获取或设置与所有动态显示的菜单项一起显示的附加文本
DynamicItemTemplate	获取或设置包含动态菜单自定义呈现内容的模板

属　　性	描　　述
DynamicMenuItemStyle	获取对 MenuItemStyle 对象的引用,使用该对象可以设置动态菜单中的菜单项的外观
DynamicMenuStyle	获取对 MenuItemStyle 对象的引用,使用该对象可以设置动态菜单的外观
DynamicPopOutImageTextFormatString	获取或设置用于指示动态菜单项包含子菜单的图像的替换文字
DynamicPopOutImageUrl	获取或设置自定义图像的 URL,如果动态菜单项包含子菜单,该图像则显示在动态菜单项中
DynamicSelectedStyle	获取对 MenuItemStyle 对象的引用,使用该对象可以设置用户所选动态菜单项的外观
DynamicTopSeparatorImageUrl	获取或设置图像的 URL,该图像显示在各动态菜单项顶部,将动态菜单项与其他菜单项隔开
DynamicVerticalOffset	获取或设置动态菜单相对于其父菜单项的垂直移动像素数
HasAttributes	获取一个值,该值指示控件是否具有属性集
Items	获取 MenuItemCollection 对象,该对象包含 Menu 控件中的所有菜单项
ItemWrap	获取或设置一个值,该值指示菜单项的文本是否换行
LevelMenuItemStyles	获取 MenuItemStyleCollection 对象,该对象包含的样式设置是根据菜单项在 Menu 控件中的级别应用于菜单项的
LevelSelectedStyles	获取 MenuItemStyleCollection 对象,该对象包含的样式设置是根据所选菜单项在 Menu 控件中的级别应用于该菜单项的
LevelSubMenuStyles	获取 MenuItemStyleCollection 对象,该对象包含的样式设置是根据静态菜单的子菜单项在 Menu 控件中的级别应用于这些子菜单项的
MaximumDynamicDisplayLevels	获取或设置动态菜单的菜单呈现级别数
NamingContainer	获取对服务器控件的命名容器的引用,此引用创建唯一的命名空间,以区分具有相同 Control.ID 属性值的服务器控件
Orientation	获取或设置 Menu 控件的呈现方向
Page	获取对包含服务器控件的 Page 实例的引用
Parent	获取对页 UI 层次结构中服务器控件的父控件的引用
PathSeparator	获取或设置用于分割 Menu 控件的菜单项路径的字符
ScrollDownImageUrl	获取或设置动态菜单中显示的图像的 URL,以指示用户可以向下滚动查看更多菜单项
ScrollDownText	获取或设置 ScrollDownImageUrl 属性中指定的图像的替换文字
ScrollUpImageUrl	获取或设置动态菜单中显示的图像的 URL,以指示用户可以向上滚动查看更多菜单项
ScrollUpText	获取或设置 ScrollUpImageUrl 属性中指定的图像的替换文字
SelectedItem	获取选定的菜单项
SelectedValue	获取选定菜单项的值
Site	获取容器信息,该容器在呈现于设计图面上时承载当前控件
SkinID	获取或设置要应用于控件的外观

属　　性	描　　述
SkipLinkText	获取或设置屏幕读取器所读取的隐藏图像的替换文字,以提供跳过链接列表的功能
StaticBottomSeparatorImageUrl	获取或设置图像的 URL,该图像在各静态菜单项底部显示为分隔符
StaticDisplayLevels	获取或设置静态菜单的菜单显示级别数
StaticEnableDefaultPopOutImage	获取或设置一个值,该值指示是否显示内置图像,其中内置图像指示静态菜单项包含子菜单
StaticHoverStyle	获取对 Style 对象的引用,使用该对象可以设置鼠标指针置于静态菜单项上时的菜单项外观
StaticItemFormatString	获取或设置与所有静态显示的菜单项一起显示的附加文本
StaticItemTemplate	获取或设置包含静态菜单自定义呈现内容的模板
StaticMenuItemStyle	获取对 MenuItemStyle 对象的引用,使用该对象可以设置静态菜单中的菜单项的外观
StaticMenuStyle	获取对 MenuItemStyle 对象的引用,使用该对象可以设置静态菜单的外观
StaticPopOutImageTextFormatString	获取或设置用于指示静态菜单项包含子菜单的弹出图像的替换文字
StaticPopOutImageUr	获取或设置显示来指示静态菜单项包含子菜单的图像的 URL
StaticSelectedStyle	获取对 MenuItemStyle 对象的引用,使用该对象可以设置用户在静态菜单中选择的菜单项的外观
StaticSubMenuIndent	获取或设置静态菜单中子菜单的缩进间距
StaticTopSeparatorImageUrl	获取或设置图像的 URL,该图像在各静态菜单项顶部显示为分隔符
Style	获取将在 Web 服务器控件的外部标记上呈现为样式属性的文本属性的集合
TabIndex	获取或设置 Web 服务器控件的选项卡索引
Target	获取或设置用来显示菜单项的关联网页内容的目标窗口或框架
TemplateControl	获取或设置对包含该控件的模板的引用

表 14.5　Menu 菜单项的常用属性及说明

属　　性	描　　述
Text	菜单中显示的文字
ToolTip	鼠标停留菜单项时的提示文字
Value	保存不显示的额外数据
NavigateUrl	如果设置了值,单击节点会前进至此 URL。否则,需要响应 Menu.MenuItemClick 事件确定要执行的活动
Target	它设置了链接的目标窗口或框架。Menu 自身也暴露了 Target 属性设置所有的 MenuItem 实例的默认目标
Selectable	如果为 False,菜单项不可选。通常只在菜单项有一些可选的子菜单项时,才设为 False

续表

属　　性	描　　述
ImageUrl	菜单项旁边的图片
PopOutImageUrl	菜单项包含子项时现在在菜单项旁的图片,默认是一个小的实心箭头
SeparatorImageUrl	菜单项下面显示的图片,用于分隔菜单项

Menu 控件常用事件如下:

(1) MenuItemClick 事件。在单击 Menu 控件中的菜单项时发生。

(2) MenuItemDataBound 事件。在 Menu 控件中的菜单项绑定到数据时发生。

SiteMapPath 控件显示一个导航路径,该路径为用户显示当前页面的位置,以链接的形式显示返回主页的路径链接。SiteMapPath 由节点组成,路径中的每个元素均称为节点,用 SiteMapNodeItem 对象表示。此控件以 Web.sitmap 为数据源,并提供了许多可供自定义链接的外观的选项。SiteMapPath 控件的常用属性及说明如表 14.6 所示。

表 14.6　SiteMapPath 控件的常用属性及说明

属　　性	描　　述
AppRelativeTemplateSourceDirectory	获取或设置包含该控件的 Page 或 UserControl 对象的应用程序相对虚拟目录
Attributes	获取与控件的属性不对应的任意特性(只用于呈现)的集合
BindingContainer	获取包含该控件的数据绑定的控件
ControlStyleCreated	获取一个值,该值指示是否已为 ControlStyle 属性创建了 Style 对象
CurrentNodeStyle	获取用于当前节点显示文本的样式
CurrentNodeTemplate	获取或设置一个控件模板,用于代表当前显示页的站点导航路径的节点
HasAttributes	获取一个值,该值指示控件是否具有属性集
NamingContainer	获取对服务器控件的命名容器的引用,此引用创建唯一的命名空间,以区分具有相同 Control.ID 属性值的服务器控件
NodeStyle	获取用于站点导航路径中所有节点的显示文本的样式
NodeTemplate	获取或设置一个控件模板,用于站点导航路径的所有功能节点
ParentLevelsDisplayed	获取或设置控件显示的相对于当前显示节点的父节点级别数
PathDirection	获取或设置导航路径节点的呈现顺序
PathSeparator	获取或设置一个字符串,该字符串在呈现的导航路径中分隔 SiteMapPath 节点
PathSeparatorStyle	获取用于 PathSeparator 字符串的样式
PathSeparatorTemplate	获取或设置一个控件模板,用于站点导航路径的路径分隔符
Provider	获取或设置与 Web 服务器控件关联的 SiteMapProvider
RenderCurrentNodeAsLink	指示是否将表示当前显示页的站点导航节点呈现为超链接
RootNodeStyle	获取根节点显示文本的样式
RootNodeTemplate	获取或设置一个控件模板,用于站点导航路径的根节点
SiteMapProvider	获取或设置用于呈现站点导航控件的 SiteMapProvider 的名称
SkipLinkText	获取或设置一个值,用于呈现替换文字,以让屏幕阅读器跳过控件内容
TemplateControl	获取或设置对包含该控件的模板的引用
TemplateSourceDirectory	获取包含当前服务器控件的 Page 或 UserControl 的虚拟目录

SiteMapPath 控件的事件说明如下：

（1）ItemCreated 事件。在 SiteMapNodeItem 由 SiteMapPath 创建且与其对应的 SiteMapNode 关联时发生，该事件由 OnItemCreated 方法引发。

（2）ItemDataBound。在 SiteMapNodeItem 由 SiteMapPath 绑定到其基础 SiteMapNode 数据后发生，此事件由 OnItemDataBound 方法引发。

习　题

1. 选择题

（1）以下哪个控件是树型控件？（　　）

  A. Repeater   B. DataList   C. TreeView   D. Menu

（2）以下哪个文件是站点地图文件？（　　）

  A. Global.asax B. Web.config C. Web.sitemap D. 以上都不是

（3）ASP.NET 框架中，服务器控件是为配合 Web 表单工作而专门设计的。服务器控件有两种类型，它们分别是（　　）。

  A. HTML 控件和 Web 控件   B. HTML 控件和 XML 控件

  C. XML 控件和 Web 控件   D. HTML 控件和 IIS 控件

（4）以下哪个文件是站点配置文件？（　　）

  A. Global.asax B. Web.config C. Web.sitemap D. 以上都不是

（5）TreeView 控件包含多个（　　）对象。

  A. Views   B. Columns   C. Nodes   D. WizardSteps

（6）母版页文件的扩展名是（　　）。

  A. .aspx   B. .master   C. .cs   D. .skin

（7）下面关于母版页和内容页的使用，说法错误的是（　　）。

  A. 一个内容页可以引用多个母版页

  B. 内容页通过 Content 控件的 ContentPlaceHolderID 属性来指定要填充到母版页中的某个内容块

  C. 内容页不可以包含 <html>、<body>、<form> 标签

  D. 内容页通过 @Page 指令的 MasterPageFile 属性指定所引用的母版页

（8）下列关于嵌套网站地图文件的说法中，正确的是（　　）。

  A. 网站地图文件必须在网站根文件夹下

  B. 网站地图文件必须在 App_Data 子文件夹下

  C. 网站地图文件必须和引用的网页在同一个文件夹中

  D. Web.sitemap 必须在网站根文件夹下

（9）网站导航控件(　　)不需要添加数据源控件。

    A. SiteMapPath   B. TreeView   C. Menu   D. SiteMapDataSource

（10）母版页中使用导航控件，要求(　　)。

    A. 母版页必须在根文件夹下

    B. 母版页名字必须为 Web.master

    C. 与普通页一样使用，浏览母版页时就可以查看效果

    D. 必须有内容页才能查看效果

2. 操作题

（1）完成本任务的设计与开发。

（2）用 TreeView 控件和 SiteMapPath 控件完成本任务。

任务15　主题创建与运用

15.1　任　务　描　述

本任务创建2个主题,通过选择不同的主题应用于网页,具体效果如图15.1和图15.2所示。

图15.1　主题1的效果图

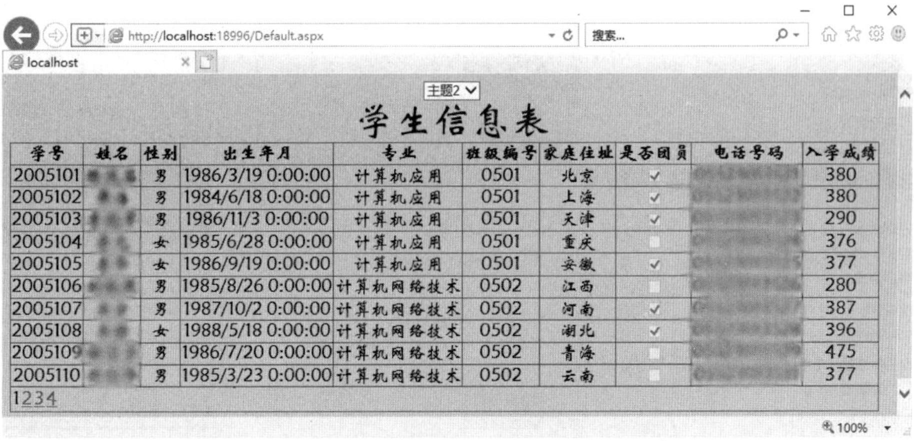

图15.2　主题2的效果图

15.2 操作步骤

15.2.1 启动 Microsoft Visual Studio 应用程序

选择"开始"→"程序"→"Microsoft Visual Studio",打开应用程序主窗口。

15.2.2 创建网站

选择"文件"→"新建"→"项目",打开"新建项目"对话框,选择"ASP.NET Web 应用程序(.NET Framework)",单击下一步,在"位置"下拉列表框中选择相应位置,创建项目名称为"ch15"的 ASP.NET Web 应用程序(.NET Framework),选择空,单击"创建",创建空的 ASP.NET Web应用程序(.NET Framework)。

15.2.3 添加数据库

在"解决方案资源管理器"中的 App_Data 文件夹中单击鼠标右键,选择"添加现有项",将"学籍管理系统.accdb"数据库添加到该文件夹中。

15.2.4 创建主题 1

在站点根目录单击鼠标右键,选择"添加 ASP.NET 文件夹/主题",如图 15.3 所示,创建名为"主题1"的主题,在"主题1"上单击鼠标右键,选择"添加新项",弹出"添加新项"对话框,如图 15.4 所示,选择"样式表"模板,创建 StyleSheet.css 样式表文件,在该样式表中输入如下代码:

```
body
{
    font-family:华文细黑;
    background-color :#FFFFC0;
}
```

图15.3 添加主题

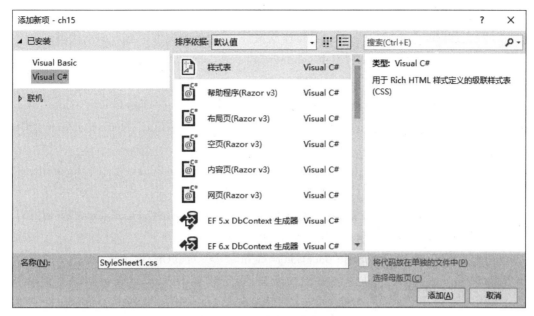

图 15.4　"添加新项"对话框

在"主题 1"上再击鼠标右键,选择"添加新项",弹出"添加新项"对话框,选择"外观文件"模板,创建 StyleSheet.skin 皮肤文件,在该外观文件中输入如下代码:

```
<asp:GridView  runat="server" CellPadding="4" ForeColor="#333333" GridLines="None">
        <RowStyle BackColor="#FFFBD6" ForeColor="#333333" />
        <FooterStyle BackColor="#990000" Font-Bold="True" ForeColor="White" />
        <PagerStyle BackColor="#FFCC66" ForeColor="#333333" HorizontalAlign="Center" />
        <SelectedRowStyle BackColor="#FFCC66" Font-Bold="True" ForeColor="Navy" />
        <HeaderStyle BackColor="#990000" Font-Bold="True" ForeColor="White" />
        <AlternatingRowStyle BackColor="White" />
</asp:GridView>
```

15.2.5　创建主题 2

在站点根目录单击鼠标右键,选择"添加 ASP.NET 文件夹/主题",如图 15.3 所示,创建名为"主题 2"的主题,在"主题 2"上单击鼠标右键,选择"添加新项",弹出"添加新项"对话框,如图 15.4 所示,选择"样式表"模板,创建 StyleSheet.css 样式表文件,在该样式表中输入如下代码:

```
body {
font-family:华文新魏;
        background-color :#99ccff;
}
```

在"主题2"上单击鼠标右键,选择"添加新项",弹出"添加新项"对话框,如图15.6所示,选择"外观文件"模板,创建StyleSheet.skin皮肤文件,在该外观文件中输入如下代码:

```
<asp:GridView runat="server" CellPadding="4" ForeColor="#333333" GridLines="None">
    <RowStyle BackColor="#EFF3FB" />
    <FooterStyle BackColor="#507CD1" Font-Bold="True" ForeColor="White" />
    <PagerStyle BackColor="#2461BF" ForeColor="White" HorizontalAlign="Center" />
    <SelectedRowStyle BackColor="#D1DDF1" Font-Bold="True" ForeColor="#333333" />
    <HeaderStyle BackColor="#507CD1" Font-Bold="True" ForeColor="White" />
    <EditRowStyle BackColor="#2461BF" />
    <AlternatingRowStyle BackColor="White" /> </asp:GridView>
```

15.2.6 设计窗体

在"解决方案资源管理器"根目录上双击default.aspx文件,打开default.aspx的设计视图,设置光标居中,向网页中插入下拉列表控件,设置该控件的ID号为"DropDownList1",AutoPostBack属性值为True,设置控件Items属性值如图15.5所示,回车换行后,在光标处输入文字"学生信息表",并设置字号为30 pt,再向页面中插入"GridView"控件,设置它的数据源为学籍管理系统的学生表,并允许分页。

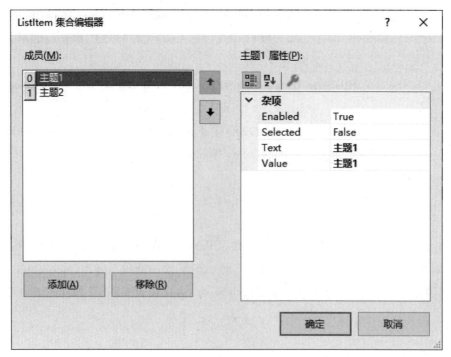

图 15.5 Items 的属性值

15.2.7　添加代码

打开 Default.aspx 的"源"视图,在<!DOCTYPE html PUBLIC "-//W3C//DTD XHTML 1.0 Transitional//EN" "http://www.w3.org/TR/xhtml1/DTD/xhtml1-transitional.dtd">之后添加如下代码:

```
<script runat ="server" type ="text/C#" language ="c#">
    void Page_PreInit(object sender, EventArgs e)
    {
        this.Theme = this.Request["DropDownList1"];
    }
</script>
```

15.2.8　运行

单击工具栏启动调试按钮" ▶ "运行应用程序,分别选择下拉列表中的主题 1 或主题 2, 可得图 15.1、图 15.2 所示效果。

15.3　知识链接

15.3.1　主题

主题是定义页面外观的文件集合,它包括外观文件、CSS 文件、图片文件和其他资源。 它包括全局主题和应用程序主题。全局主题即应用于服务器中的所有 Web 应用程序,存储 于 C:\WINDOWS\Microsoft.NET\Framework\v2.0.50727\ASP.NETClientFiles\Themes 文件夹下; 应用程序主题即应用于单个 Web 应用程序,存放在 Web 站点根文件夹下的 APP_Themes 文 件夹中,每个主题是一个子文件夹,文件夹即主题名。

15.3.2　主题创建

创建主题步骤如下:
(1)新建 App_Themes 文件夹。
(2)为每个主题创建一个文件夹,文件夹即主题名。
(3)在每个主题文件夹中添加 CSS 文件、Skin 文件和图片。

15.3.3　主题应用

应用主题包括 3 种方法。
(1)通过页面的 Page 指令设置主题。
例如:<%@ Page Language="C#" Theme="主题名" AutoEventWireup="true" CodeFile=

"Default.aspx.cs" Inherits="_Default" %>

（2）在站点级设置主题——Web.config文件。

例如：

```
<system.web>
    <compilation debut="false" targetFramework="4.0"/>
    <pages theme="主题名"/>
</system.web>
```

（3）通过程序设置主题。

例如本任务中的程序：

```
<script runat ="server" type ="text/C#" language ="c#">
    void Page_PreInit(object sender, EventArgs e)
    {
        this.Theme = this.Request["DropDownList1"];
    }
</script>
```

15.3.4　外观文件

外观是包含标记的简单文本文件,它允许从某个集中位置定义一个或多个服务器控件的属性设置。外观文件(.skin)位于主题文件夹下,是ASP.NET主题功能的重要组成部分。

例如Button控件的外观：

```
<asp:button runat="server" BackColor="lightblue" ForeColor="black"/>
```

外观包括默认外观和已命令外观两种类型。当向页应用主题时,默认外观自动应用于同一类型的所有控件。如果控件外观没有SkinID属性,则是默认外观。例如,如果为Button控件创建一个默认外观,则该控件外观适用于使用本主题的页面上的所有Button控件。已命名外观是设置了SkinID属性的控件外观。已命名外观不会自动按类型应用于控件。通过设置控件的 SkinID 属性将已命名外观显式应用于控件。

习　题

1. 填空题

（1）主题中包括＿＿＿＿＿＿和＿＿＿＿＿＿。

（2）要在页面中动态设置主题,必须在页面生命周期＿＿＿＿＿＿事件之前。

（3）如果在页面上设置＿＿＿＿＿＿,主题无效。

（4）主题可以设置在内容页面上,而不能设置在＿＿＿＿＿＿上。

（5）主题是在网站或Web服务器上的＿＿＿＿＿＿中定义的。

2. 简答题

（1）主题是什么？

（2）StyleSheetTheme是什么？

3. 操作题

完成本任务的设计与开发。

任务16　文件上传与下载

16.1　任 务 描 述

该任务实现单文件上传、多文件上传和文件下载功能,具体效果如图16.1～图16.5所示。

图16.1　单文件上传结果

图16.2　操作提示

图16.3　多文件上传结果

图 16.4 文件下载

图 16.5 "文件下载"对话框

16.2 操 作 步 骤

16.2.1 启动 Microsoft Visual Studio 应用程序

选择"开始"→"程序"→"Microsoft Visual Studio",打开应用程序主窗口。

16.2.2 创建网站

选择"文件"→"新建"→"项目",打开"新建项目"对话框,选择"ASP.NET Web 应用程序(.NET Framework)",单击下一步,在"位置"下拉列表框中选择相应位置,创建项目名称为"ch16"的 ASP.NET Web 应用程序(.NET Framework),选择空,单击"创建",创建空的 ASP.NET Web 应用程序(.NET Framework)。

16.2.3 设计单文件上传窗体

在解决方案资源管理器的站点根目录上鼠标右键,选择"添加新项",弹出"添加新项"对话框,选择"Web 窗体"模板,在名称栏中输入 fileuploadsingle.aspx,单击"添加"按钮添加新窗体,在站点根目录添加文件夹 upfile,用于存放上传的文件。打开 fileuploadsingle.aspx 窗体的设计视图,单击"格式设置"工具栏的"居中"按钮,分别向窗体中插入名为 label_bt、FileUpload1、btnupdload、lb1、lb2 共 5 个控件。设置 label_bt 控件的 Text 属性值为单文件上传,Font/

Size 属性值为 X-Large。btnupdload 的 Text 属性值为上传。lb1 和 lb2 的 Text 属性值为空。双击 btnupdload 按钮,btnupdload_Click 事件中添加如下代码:

```
if (this.FileUpload1.HasFile)
    {
        try
        {
            string lujing = Server.MapPath("~/upfile/");
            string File_N = FileUpload1.FileName.ToString();
            if (!Directory.Exists(lujing)) //检查目录是否存在
            {
                Directory.CreateDirectory(lujing); //不存在则创建
            }
            FileUpload1.SaveAs(lujing + File_N);
            Label1.Text = "<b>文件名:</b>" + this.FileUpload1.PostedFile.FileName +"<br />" +
                          "<b>文件大小:</b>" + FileUpload1.PostedFile.ContentLength + "字节<br />" +
                          "<b>文件类型:</b>" + FileUpload1.PostedFile.ContentType + "<br />";
                          Label2.Text = "文件上传成功! ";
        }
        catch (Exception ex)
        {
            Label1.Text = "发生错误:" + ex.Message.ToString();
        }
    }
    else
    {
        Label2.Text = "没有选择要上传的文件! ";
    }
```

在 fileuploadsingle.asp.cs 文件的前面添加如下代码:using System.IO;

单击"启动调试"按钮,运行效果如图 16.1 所示,重新加载创建网站,可以看到 upload 中已经有上传的文件。

16.2.4 设计多文件上传窗体

在解决方案资源管理器的站点根目录上鼠标右键,选择"添加新项",弹出"添加新项"对话框,选择"Web 窗体"模板,在名称栏中输入 multiupload.aspx,单击"添加"按钮添加新窗体。

打开 multiupload.aspx 窗体的设计视图,单击"格式设置"工具栏的"居中"按钮,分别向窗体中插入名为 label1、FileUpload1、FileUpload2、Button1、label2 共 5 个控件。设置 label1 控件的 Text 属性值为多文件上传,Font/Size 属性值为 X-Large。Button1 的 Text 属性值为上传。Label2 的 Text 属性值为空。双击 Button1 按钮,在 Button1_Click 事件中添加如下代码:

```
if (FileUpload1.HasFile && FileUpload2.HasFile)
{
    string filepath = Server.MapPath("upfile") + "\\";
    HttpFileCollection uploadFiles = Request.Files;
    for (int i = 0; i < uploadFiles.Count; i++)
    {
        HttpPostedFile postedFile = uploadFiles[i];
        try
        {
            if (postedFile.ContentLength > 0)
            {
                Label2.Text += "文件" + (i + 1) + ":" + System.IO.Path.GetFileName(postedFile.FileName) + "<br />";
                postedFile.SaveAs(filepath + System.IO.Path.GetFileName(postedFile.FileName));
            }
        }
        catch (Exception Ex)
        {
            Label2.Text += "发生错误: " + Ex.Message;
        }
    }
}
else
{
    Label2.Text = "没有选择要上传的文件! ";
}
```

单击"启动调试"按钮,运行效果如图 16.2、图 16.3 所示。

16.2.5　设计文件下载窗体

在解决方案资源管理器的站点根目录上鼠标右键,选择"添加新项",弹出"添加新项"对话框,选择"Web 窗体"模板,在名称栏中输入 downfile.aspx,单击"添加"按钮添加新窗体。打开 downfile.aspx 窗体的设计视图,单击"格式设置"工具栏的"居中"按钮,分别向窗体中插入名为label1、label2、ListBox1、Button1共4个控件。设置label1控件的Text属性值为文件下载,Font/Size属性值为XX-Large。Label2的Text属性为请先选择文件。Button1的Text属性为下载文件。打开downfile.aspx.cs文件,在最前面输入"using System.IO;"。

在class downfile类中添加如下代码:

```
protected void addListBox()
    {
        string[] name = Directory.GetFiles(Server.MapPath("upload"));
        foreach (string s in name)
        {
            ListBox1.Items.Add(Path.GetFileName(s));
        }
    }
```

在Page_Load方法中添加如下代码:

```
if (!Page.IsPostBack)
    {
        addListBox();
    }
```

在ListBox1的SelectedIndexChanged事件中添加如下代码:

```
Session["txt"] = ListBox1.SelectedValue.ToString();
```

在class downfile类中添加如下代码:

```
protected void dFile()
    {if (ListBox1.SelectedValue != "")  // 判断是否选择文件名
        {if (Session["txt"] != "")
            { string path = Server.MapPath("upload/") +
                         Session["txt"].ToString(); //获取文件路
            FileInfo fi = new FileInfo(path); //初始化 FileInfo 类的实例
            if (fi.Exists)   //判断文件是否存在
            { Response.Clear();      //将文件保存到本机上
                Response.AddHeader("Content-Disposition",
               "attachment; filename=" + Server.UrlEncode(fi.Name));
                Response.AddHeader("Content-Length", fi.Length.ToString());
                Response.ContentType = "application/octet-stream";
                Response.Filter.Close();
                Response.WriteFile(fi.FullName);
                Response.End();
            }
        }
```

```
    }
    else
    {Page.RegisterStartupScript("sb","<script>alert('请先选择文件名')</script>");  }
  }
```

在 Button1 的 Click 事件中添加如下代码：

dFile();

单击"启动调试"按钮，运行效果如图 16.4、图 16.5 所示。

16.3　知　识　链　接

16.3.1　FileUpload 控件

FileUpload 控件的主要功能是用于用户向 Web 应用程序的指定目录上传文件。该控件包括一个文本框和一个浏览按钮。用户可以在文本框中输入完整的文件路径，或者通过按钮浏览并选择需要上传的文件。

注意：FileUpload 控件不会自动上传文件，需要设置相关的事件处理程序，在程序中实现文件上传。

FileUpload 控件的主要属性及说明如表 16.1 所示。

表 16.1　FileUpload 控件的主要属性及说明

属　　性	描　　述
ID	获取或设置分配给服务器控件的编程标识符
FileBytes	获取上传文件的字节数组
FileContent	获取指向上传文件的 Stream 对象
FileName	获取上传文件在客户端的文件名称
HasFile	获取一个布尔值，用于表示 FileUpload 控件是否已经包含一个文件
PostedFile	获取一个与上传文件相关的 HttpPostedFile 对象，使用该对象可以获取上传文件的相关属性

FileUpload 控件的主要方法如下：

（1）Focus。用于把表单的焦点转移到 FileUpload 控件。

（2）SaveAs(String filename)。用于把上传文件保存到文件系统中。其中，参数 filename 是指被保存在服务器中的上传文件的绝对路径。

16.3.2　HttpPostedFile 类

HttpPostedFile 类提供对客户端已上传的单独文件的访问。它的主要属性如下：

（1）ContentLength 属性。用于获得上传文件的字节大小。

（2）ContentType 属性。用于获得上传文件的 MIME 类型。

（3）FileName属性。用于获得上传文件的名字。

（4）InputStream属性。把上传文件当成流来获取。

16.3.3 Path 类

对包含文件或目录路径信息的 String 实例执行操作。 这些操作是以跨平台的方式执行的。路径是提供文件或目录位置的字符串。路径可以包含绝对或相对位置信息。该类常用方法如下：

（1）Path.GetFullPath 方法。返回指定路径字符串的绝对路径。

语法：public static string GetFullPath(string path)。

（2）Path.GetFileName 方法。返回指定路径字符串的文件名和扩展名。

语法：public static string GetFileName(string path)。

（3）Path.GetDirectoryName 方法。返回指定路径字符串的目录信息。

语法：public static string GetDirectoryName(string path)。

（4）Path.GetDirectoryName方法。返回指定路径字符串的目录信息。

（5）Path.GetPathRoot方法。获取指定路径的根目录信息。

16.3.4 Directory 类

Directory类位于System.IO 命名空间。主要用于创建目录和目录管理,使用时需要引用System.IO命名空间。该类常用方法如下：

（1）Directory.CreateDirectory。在指定目录中创建所有目录和子目录,除非它们已经存在。

语法：public static DirectoryInfo CreateDirectory(string path)。

（2）Directory.Delete。从指定路径删除空目录。

语法：public static void Delete(string path)。

删除指定的目录并删除目录中的所有子目录和文件。

语法：public static void Delete(string path,bool recursive)。

（3）Directory. Exists。确定给定路径是否引用磁盘上的现有目录。

语法：public static bool Exists(string path)。

（4）Directory.GetFiles。返回指定目录中的文件的名称(字符串数组)。注意只返回文件名,不返回目录。

语法：public static string[] GetFiles(string path)。

（5）Directory.Move。将文件或目录及其内容移到新位置。

语法：public static void Move(string sourceDirName, string destDirName)。

（6）Directory.GetParent。检索指定路径的父目录,包括绝对路径和相对路径。

语法：public static DirectoryInfo GetParent(string path)。

16.3.5　Response.addheader 方法

Addheader方法向HTTP响应添加一个新的HTTP头部和值。

语法：response.Addheader name,value。

其中name是新头部变量的名称，value为新头部变量的初始值。

16.3.6　Response.ContentType 属性

ContentType属性为response对象设置HTTP内容类型。

语法：response.ContentType[=contenttype]。

其中contenttype描述内容类型的字符串。

习　题

1. 选择题

（1）以下哪个控件是上传控件？（　　）

　　A. Repeater　　　　　　　　　　　　B. FileUpload

　　C. Wizard　　　　　　　　　　　　　D. Calendar

（2）在Web.config文件中，以下（　　）节点可以设置ASP.NET支持的最大上传文件大小。

　　A. System.Web　　　　　　　　　　B. HttpRuntime

　　C. HttpModuels　　　　　　　　　　D. HttpHanlers

（3）如果希望获取文件的扩展名，应该使用（　　）对象。

　　A. File　　　　　　B. FileInfo　　　　　　C. Path　　　　　D. FileStream

（4）使用File.Copy复制文件时，如果目标文件已经存在，会（　　）。

　　A. 覆盖　　　　　　　　　　　　　　B. 发生错误

　　C. 不发生错误，也不复制　　　　　　D. 追加

（5）下列关于FileUpload控件的叙述中，错误的一项是（　　）。

　　A. 该控件包括一个文本框和一个"浏览"按钮

　　B. 用户可以在文本框中输入完整的文件路径，或者通过单击"浏览"按钮选择　　　需要上传的文件

　　C. FileUpload控件不必设置相关的事件处理程序实现文件上传

　　D. FileUpload控件的主要功能是向指定目录上传文件

（6）在FileInfo对象中，如果希望获得该文件的父文件夹名称，需使用（　　）属性。

　　A. FullName　　　　B. Parent　　　　　　C. Path　　　D. DirectoryName

（7）下列哪个类提供了可以创建、移动和删除目录的静态方法？（   ）

    A. Directory 类   B. DriverInfo 类

    C. DirectoryInfo 类   D. File 类

（8）如果希望从 C:\inetpub\temp.txt 中提取文件名称，应该使用(   )对象。

    A. File   B. FileInfo   C. Path   D. FileStream

（9）用于获取文件创建时间的静态方法是(   )。

    A. File.GetCreationTime 方法

    B. FileInfo.GetCreationTime 方法

    C. File.GetLastAccessTime 方法

    D. File.GetLastWriteTime 方法

（10）利用 File 对象删除当前目录下名为"temp.txt"的文件，使用下列(   )语句。

    A. Directory.Delete("temp.txt")

    B. File.Delete("temp.txt")

    C. File.Delete(Server.MapPath("temp.txt"))

    D. Directory.Delete(Server.MapPath("temp.txt"))

2. 操作题

（1）完成本任务的设计与开发。

（2）利用 Web 服务器控件设计个人信息登记窗体，单击"提交"按钮以后，显示登记信息内容，如图 16.6 所示。

图16.6　个人信息管理的设计效果

任务17 账户登录系统

17.1 任 务 描 述

该任务设计账户登录系统,系统运行首先进入系统登录界面,如图17.1所示,如果是新账户,则单击"注册"按钮,进行账户注册,如图17.2所示输入注册账户的名称和密码等信息,单击"创建用户"按钮显示"已成功创建账户"信息,如图17.3所示,单击"继续"按钮进入账户信息修改界面,如图17.4所示,输入账户的旧密码和新密码,单击"更改密码"按钮,显示密码更改成功,单击"继续"按钮转向系统登录界面即可登录系统,效果如17.5~图17.7所示。

图 17.1　系统首页的界面

图 17.2　账户注册的界面

图17.3 账户创建成功

图17.4 账户信息修改的界面

图17.5 密码修改成功的界面

图17.6 账户登录的界面

图 17.7　系统主界面

17.2　操　作　步　骤

17.2.1　启动 Microsoft Visual Studio 2010 应用程序

选择"开始"→"程序"→"Microsoft Visual Studio 2010",打开应用程序主窗口。

17.2.2　创建网站

选择"文件"→"新建"→"ASP.NET 空网站",创建名为"ch17"的文件夹。在网站根目录单击鼠标右键,选择"添加新项",弹出"添加新项"对话框,命名为"login.aspx",同理创建"register.aspx""chpsd.aspx""main.aspx"3 个窗体文件。

17.2.3　设计 Login 窗体

打开 login.aspx 的"设计"视图,设置光标居中,向窗体中插入 Login 控件,单击该控件的"Login 任务"菜单,选择"自动套用格式"菜单项,选择"彩色型",应用该方案。设置 Login 控件的 CreaterUserText 属性值为"注册",CreateUserUrl 属性值为"~/register.aspx",Destination-PageUrl 属性值为"~/main.aspx"。

17.2.4　设计 Register 窗体

打开 register.aspx 的"设计"视图,设置光标居中,向窗体中插入 CreateUserWizard 控件,单击该控件的"CreateUserWizard 任务"菜单,选择"自动套用格式"菜单项,选择"彩色型",应用该方案。设置 CreateUserWizard 控件的 ContinueDestinationPageUrl 属性值为"~/chpsd.aspx"。

17.2.5　设计 Chpsd 窗体

打开 chpsd.aspx 的"设计"视图,设置光标居中,向窗体中插入 ChangePassword 控件,单击该控件的"ChangePassword 任务"菜单,选择"自动套用格式"菜单项,选择"彩色型",应用该方案。设置 ChangePassword 控件的 ContinueDestinationPageUrl 属性值为"~/login.aspx",DisplayUserName 属性值为"True"。

17.2.6 设计 Main 窗体

打开 main.aspx 的"设计"视图,设置光标居中,首先输入"欢迎"两个文本,再向窗体中插入 LoginName 控件,在该控件后面输入"用户来到本网站"文本。

17.2.7 设置 Web.Config 文件

运行任意一个窗体,网站生成 Web.Config 文件后,打开该文件,设置其中的<authentication>节的 mode 属性值为"Forms"即可。

17.2.8 运行

在资源管理器中选择 login.aspx 文件,单击鼠标右键,选择"设为起始页"项。再单击工具栏启动调试按钮" ▶ "运行应用程序,可得图17.1~图17.7所示效果。

17.3 知 识 链 接

17.3.1 登录控件

ASP.NET2.0新增的登录控件可以快速设计登录、修改密码和注册等功能。登录系列主要包括如下控件:

(1) Login:账户登录窗口;

(2) LoginStatus:显示账户登录状态;

(3) LoginName:显示账户当前登录的名称;

(4) LoginView:根据账户角色显示不同的登录内容;

(5) CreateUserWizard:账户注册向导;

(6) PasswordRecovery:恢复密码;

(7) ChangePassword:账户密码更改。

17.3.2 Login 控件

Login 控件是用于设计网站登录界面的控件,用于对用户身份进行验证。在"工具箱"的"登录"选项卡中双击 Login 控件即可添加到页面中。Login 控件的常用属性及说明如表17.1所示。

表17.1 Login 控件的常用属性及说明

属　　性	描　　述
CreateUserText	设置为"创建用户"链接显示的文本
CreateUserUrl	设置创建用户页的 URL
DestinationPageUrl	设置用户成功登录时被定向到的 URL

属　　性	描　　述
DisplayRememberMe	设置如果显示"记住我"复选框，则为True
FailureAction	设置当登录尝试失败时采取的操作，Refresh 或 RedirectToLoginPage
FailureTextStyle	当登录失败时显示的文本
LoginButtonText	设置"登录"按钮显示文本
LoginButtonType	设置"登录"按钮的类型
PasswordLabelText	设置标识密码文本框的文本
PasswordRecoveryText	设置密码恢复连接显示的文本
PasswordRecoveryUrl	设置密码恢复页的URL
PasswordRequiredErrorMessage	设置密码为空时在验证摘要中显示的文本

17.3.3　CreateUserWizard 控件

CreateUserWizard 控件用于引导用户进行账号注册。CreateUserWizard 控件的常用属性及说明如表17.2所示。

表 17.2　CreateUserWizard 控件的常用属性及说明

属　　性	描　　述
FinishDestinationPageUrl	设置单击"完成"按钮后定向页面的 Url
ContinueDestinationPageUrl	设置单击"继续"按钮后定向页面的 Url
DisplayCancelButton	设置是否显示"取消"按钮
LoginCreateUser	设置新创建的用户是否直接登录到站点
RequireEmail	设置是否需要电子邮箱地址才能创建新用户

17.3.4　ChangePassword 控件

ChangePassword 控件用于引导用户修改用户密码，并通过输入旧密码验证用户身份。ChangePassword 控件的常用属性及说明如表17.3所示。

表 17.3　ChangePassword 控件的常用属性及说明

属　　性	描　　述
CancelDestinationPageUrl	设置单击"取消"按钮后显示页面的 URL
ContinueDestinationPageUrl	设置单击"继续"按钮后显示页面的 URL
DisplayUserName	设置控件中是否显示用户名文本框
SuccessPageUrl	设置修改成功后被定向的 URL
MailDefinition	设置发送邮件的内容

17.3.5　LoginName 控件

LoginName 控件用于显示通过身份验证的用户名,如果应用程序使用 Windows 身份验证,该控件显示用户的域名和账户名;如果应用程序使用 Forms 身份验证,则显示用户在登录控件中输入的名称。如果用户当前尚未登录,则该控件不在页面上显示并且不占据页面空间。LoginName 控件的 FormatString 属性用于设置用户名的格式规范,程序运行时将{0}替换为用户名。

17.3.6　LoginStatus 控件

LoginStatus 控件用于检测用户身份验证状态,并显示"登录"或"注销"按钮,若单击"登录"按钮,则将用户定向到该站点的登录页,若单击"注销"按钮,则清除该用户的身份验证状态,并刷新当前页。LoginStatus 控件的常用属性及说明如表 17.4 所示。

表 17.4　LoginStatus 控件的常用属性及说明

属　　性	描　　述
LogoutImageUrl	设置"注销"按钮上显示的图片
LogoutText	设置"注销"按钮上显示的文本
LogoutAction	设置注销后执行的操作,共有 3 个取值:Refresh、Redirect 和 RedirectToLoginPage
LogoutPageUrl	设置注销后重定向的 URL
LoginText	设置"登录"按钮上显示的文本
LoginImageUrl	设置"登录"按钮上显示的图片

17.3.7　LoginView 控件

LoginView 控件用于自动检测用户的身份验证状态,并根据不同的用户身份显示不同内容。LoginView 控件包含 2 个默认模板,分别是 AnonymousTemplate 和 LoggedInTemplate。也可以通过单击"LoginView 任务"菜单——"RoleGroups"菜单项,打开"RoleGroup 集合编辑器"对话框添加新模板。LoginView 控件的主要属性如下:

(1) EnableTheming。提示控件是否有主题。

(2) EnableViewState。控件是否自动保存其状态以用于往返过程。

(3) RoleGroups。将模板与角色关联。

例如:通过 LoginStatus 和 Login View 控件实现用户信息切换。

打开前面所建立的 ch17 网站中的 Default.aspx 页面,在设计视图下分别拖入 LoginStatus 和 Login View 控件,Loginstarus 控件主要显示用户是否登录的状态,如果注册用户还没有登录,Loginsuatus 控件将显示"登录"链接,但这个"登录"链接将会自动链接到 login.aspx 面;如果注册用户 Login View 用于定义注册用户登录前和登录后的界面模板,可以在这两种状态中设定不同的界面和内容。为了设定注册用户登录前的文字,单击 Login View,在图 17.8 中选择"Anonymous Template",然后在图 17.8 中输入相关的文字,如"你还没有登录,请单击登录链接登录",在"Anonymous Template"模板下添加 HyperLink 控件,设置 NavigateUrl 地址为~/register.aspx,初次运行效果如图 17.9 所示,此时 LoginStatus 的状态切换为注销。

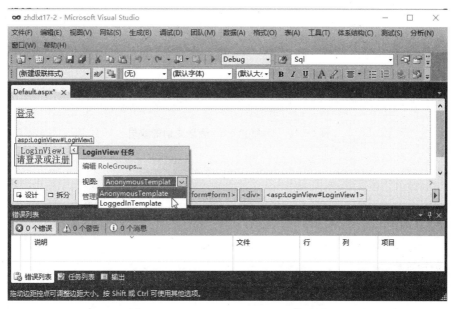

图 17.8　Anonymous Template 的设置

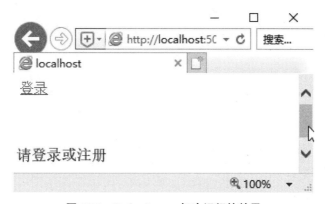

图 17.9　Default.aspx 初次运行的效果

为了设定注册用户登录后的文字,单击 Login View,选择"LoggedInTemplate",然后在"LoggedInTemplate"状态中输入相关的文字,如"你已成功登录,欢迎",在"LoggedInTemplate"模板下添加 LoginName 控件,登录成功后运行效果如图 17.10 所示,此时 LoginStatus 的状态切换为注销。

图17.10　Default.aspx登录成功的效果

习　题

1. 操作题

完成本任务的设计与开发。

任务18 数据操纵

18.1 任务描述

该任务实现通过前台窗体操纵后台数据库,主要功能包括数据查询、数据添加、数据更新和数据删除,具体效果如图18.1～图18.5所示。

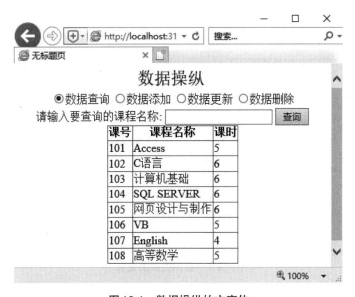

图18.1 数据操纵的主窗体

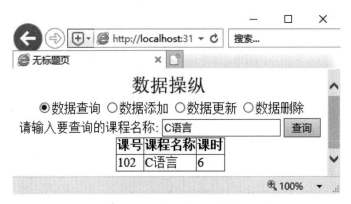

图18.2 数据查询的窗体

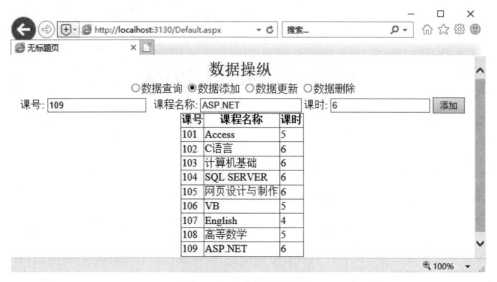

图18.3 数据添加的窗体

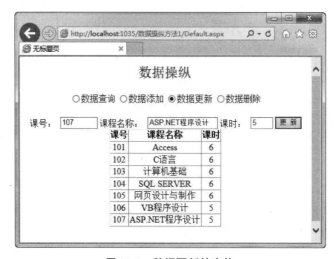

图18.4 数据更新的窗体

图18.5 数据删除的窗体

18.2 操作步骤

18.2.1 建立站点

启动 Microsoft Visual Studio 2010 应用程序。选择"文件"→"新建"→"ASP.NET 空网站",创建名为"ch18"的文件夹。在网站根目录单击鼠标右键,选择"添加新项",弹出"添加新项"对话框,命名为 Default.aspx。

18.2.2 设计窗体

打开 Default.aspx 文件,单击窗口左下角的"设计"按钮,向窗口中插入 Label 控件,命名为 Label1,再插入 RadioButton 控件,命名为 rdb_xz,控件属性设置如表 18.1 所示。再向窗口中插入 MultiView 控件 MultiView1,在 MultiView1 中插入 4 个 View 控件分别命名为 cx、tj、gx 和 sc。在 cx 窗口中插入 Label 控件 Label2、Text 控件 cx_cs、Button 控件 bt_cx 和 GridView 控件 cx_bg。在 tj 窗口中插入 Label 控件 Label3、Label4、Label5,Text 控件 tj_kh、tj_kcmc、tj_ks,Button 控件 bt_tj 和 GridView 控件 tj_bg。在 gx 窗口中插入 Label 控件 Label6、Label7、Label8,Text 框控件 gx_kh、gx_kcmc、gx_ks,Button 控件 bt_gx 和 GridView 控件 gx_bg。在 sc 窗口中插入 Label 控件 Label9,Text 框控件 sc_cs,Button 控件 bt_sc 和 GridView 控件 sc_bg。控件属性设置如表 18.1 所示。

表 18.1 控件属性设置

控件类型	控件名	属性名称	属性值
Label	Label1	Text	数据操纵
		Font/Size	18pt
	Label2	Text	请输入要查询的课程名称:
	Label3	Text	课号:
	Label4	Text	课程名称:
	Label5	Text	课时:
	Label6	Text	课号:
	Label7	Text	课程名称:
	Label8	Text	课时:
	Label9	Text	请输入要删除的课号:
RadioButtonList	rdb_xz	AutoPostBack	True
		RepeatDirection	Horizontal
		Items	如图 18.6 所示设置
MultiView	MultiView1	ID	MultiView1
		ActiveViewIndex	0
View	cx	ID	cx
	tj	ID	tj
	gx	ID	gx

续表

控件类型	控件名	属性名称	属性值
	sc	ID	sc
	cx_cs	ID	cx_cs
	tj_kh	ID	tj_kh
	tj_kcmc	ID	tj_kcmc
Text	tj_kh	ID	tj_kh
	gx_kh	ID	gx_kh
	gx_kcmc	ID	gx_kh
	gx_ks	ID	gx_ks
	sc_cs	ID	sc_cs
	cx_bg	ID	cx_bg
GridView	tj_bg	ID	tj_bg
	gx_bg	ID	gx_bg
	sc_bg	ID	sc_bg
	bt_cx	Text	查 询
Button	bt_tj	Text	添 加
	bt_gx	Text	更 新
	bt_sc	Text	删 除

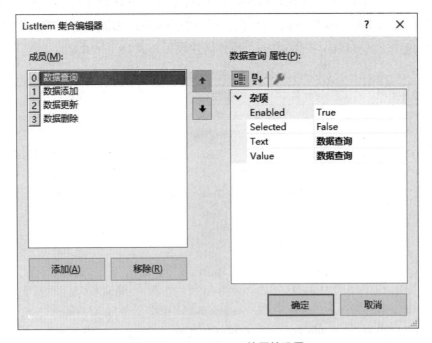

图 18.6　rdb_xz Items 的属性设置

18.2.3 添加数据库

在 sjcz 文件中，打开 App_Data 文件夹，在该文件夹中新建名为"学籍管理系统 .accdb"的数据库文件，在数据库中创建名为"课程"的数据表，数据表结构如图 18.7 所示，再输入数据。

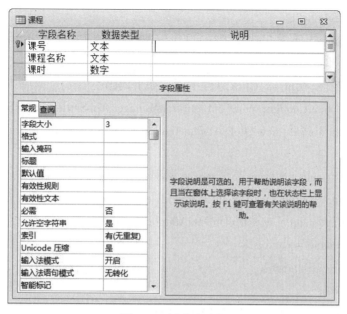

图18.7　课程表结构

18.2.4　设置 Web.Config 文件

运行 default.aspx，再关闭该窗口，在资源管理器中，双击 Web.Config 文件，在<configura-tion> </configuration>中添加如下代码：

```
<appSettings >
    <add key="ConStr" value="Provider=Microsoft.Jet.OleDb.4.0;Data Source=|DataDirec-tory|学籍管理系统.accdb"/>
</appSettings>
```

18.2.5　添加代码

首先在 Default.aspx.cs 文件中导入命名空间 using System.Data.OleDb; 再选择 rdb_xz 控件，单击属性窗口的"<img>"事件按钮，打开事件窗口，双击 SelectedIndexChanged 事件，在该事件中添加如下代码：

```
this.MultiView1.ActiveViewIndex = rdb_xz.SelectedIndex;
```

同理，选择 cx 窗口，在事件窗口中双击 Load 事件，添加如下代码：

```
string str = System.Configuration.ConfigurationManager.AppSettings["ConStr"];
OleDbConnection con = new OleDbConnection(str);
con.Open();
OleDbCommand coma = new OleDbCommand("select * from 课程",con);
OleDbDataAdapter dat = new OleDbDataAdapter();
dat.SelectCommand = coma;
DataSet ds = new DataSet();
```

```
dat.Fill(ds,"kecheng");
cx_bg.DataSource = ds.Tables["kecheng"].DefaultView;
cx_bg.DataBind();
```

双击"bt_cx"控件,在bt_cx_Click事件中添加如下代码:

```
string str = System.Configuration.ConfigurationManager.AppSettings["ConStr"];
OleDbConnection con = new OleDbConnection(str);
con.Open();
string sql_cx = "select * from 课程 where 课程名称='"+cx_cs.Text+"'";
OleDbCommand comb = new OleDbCommand(sql_cx,con);
OleDbDataAdapter dat = new OleDbDataAdapter();
dat.SelectCommand = comb;
DataSet ds = new DataSet();
dat.Fill(ds,"kc");
cx_bg.DataSource = ds.Tables["kc"].DefaultView;
cx_bg.DataBind();
```

同理,选择tj窗口,在事件窗口中双击Load事件,添加如下代码:

```
string str = System.Configuration.ConfigurationManager.AppSettings["ConStr"];
OleDbConnection con = new OleDbConnection(str);
con.Open();
OleDbCommand coma = new OleDbCommand("select * from 课程",con);
OleDbDataAdapter dat = new OleDbDataAdapter();
dat.SelectCommand = coma;
DataSet ds = new DataSet();
dat.Fill(ds,"kecheng");
tj_bg.DataSource = ds.Tables["kecheng"].DefaultView;
tj_bg.DataBind();
```

双击"bt_tj"控件,在bt_tj_Click事件中添加如下代码:

```
string str = System.Configuration.ConfigurationManager.AppSettings["ConStr"];
OleDbConnection con = new OleDbConnection(str);
con.Open();
string sql_tj="insert into 课程(课号,课程名称,课时)values('"+tj_kh.Text+"','"+tj_kcmc.
Text+"',"+Convert.ToInt32(tj_ks.Text)+")";
OleDbCommand tjcom = new OleDbCommand(sql_tj,con);
tjcom.ExecuteNonQuery();
OleDbCommand coma = new OleDbCommand("select * from 课程",con);
OleDbDataAdapter dat = new OleDbDataAdapter();
dat.SelectCommand = coma;
```

```
DataSet ds = new DataSet();
dat.Fill(ds,"kecheng");
tj_bg.DataSource = ds.Tables["kecheng"].DefaultView;
tj_bg.DataBind();
```

同理,选择gx窗口,在事件窗口中双击Load事件,添加如下代码:

```
string str = System.Configuration.ConfigurationManager.AppSettings["ConStr"];
OleDbConnection con = new OleDbConnection(str);
con.Open();
OleDbCommand coma = new OleDbCommand("select * from 课程",con);
OleDbDataAdapter dat = new OleDbDataAdapter();
dat.SelectCommand = coma;
DataSet ds = new DataSet();
dat.Fill(ds,"kecheng");
gx_bg.DataSource = ds.Tables["kecheng"].DefaultView;
gx_bg.DataBind();
```

双击"bt_gx"控件,在bt_gx_Click事件中添加如下代码:

```
string str = System.Configuration.ConfigurationManager.AppSettings["ConStr"];
OleDbConnection con = new OleDbConnection(str);
con.Open();
string sql_gx="Update 课程 set 课程名称='"+gx_kcmc.Text+"',课时="+ Convert.ToInt32
(gx_ks.Text)+"where 课号='"+gx_kh.Text+"'";
OleDbCommand gxcom = new OleDbCommand(sql_gx,con);
gxcom.ExecuteNonQuery();
OleDbCommand coma = new OleDbCommand("select * from 课程",con);
OleDbDataAdapter dat = new OleDbDataAdapter();
dat.SelectCommand = coma;
DataSet ds = new DataSet();
dat.Fill(ds,"kecheng");
gx_bg.DataSource = ds.Tables["kecheng"].DefaultView;
gx_bg.DataBind();
```

同理,选择sc窗口,在事件窗口中双击Load事件,添加如下代码:

```
string str = System.Configuration.ConfigurationManager.AppSettings["ConStr"];
OleDbConnection con = new OleDbConnection(str);
con.Open();
OleDbCommand coma = new OleDbCommand("select * from 课程",con);
OleDbDataAdapter dat = new OleDbDataAdapter();
dat.SelectCommand = coma;
```

```
DataSet ds = new DataSet();
dat.Fill(ds,"kecheng");
sc_bg.DataSource = ds.Tables["kecheng"].DefaultView;
sc_bg.DataBind();
```

双击"bt_sc"控件,在bt_sc_Click事件中添加如下代码:

```
string str = System.Configuration.ConfigurationManager.AppSettings["ConStr"];
OleDbConnection con = new OleDbConnection(str);
con.Open();
string sql_sc= "Delete from 课程 where 课号='"+sc_cs.Text+"'";
OleDbCommand sccom = new OleDbCommand(sql_sc,con);
sccom.ExecuteNonQuery();
OleDbCommand coma = new OleDbCommand("select * from 课程",con);
OleDbDataAdapter dat = new OleDbDataAdapter();
dat.SelectCommand = coma;
DataSet ds = new DataSet();
dat.Fill(ds,"kecheng");
sc_bg.DataSource = ds.Tables["kecheng"].DefaultView;
sc_bg.DataBind();
```

18.2.6 运行

单击工具栏启动调试按钮"▶"运行应用程序,可得图18.1～图18.5所示效果。

18.3 知 识 链 接

18.3.1 View 控件和 MultiView 控件

View控件是视图控件,MultiView控件是多视图控件,它是View控件的容器。每个View控件可以包含子控件,如按钮和文本框等。应用程序可以根据条件或传入查询字符串参数的信息,以编程方式向客户端显示特定的View控件。虽然MultiView中可以包含多个View控件,但是页面一次只能显示一个视图,因此也只有一个View控件区域会被显示。MultiView通过ActiveViewIndex属性值来决定要显示哪个View控件。通过将MultiView控件的ActiveViewIndex属性设置为要显示的View控件的索引值,可以在视图间移动。如果没有视图是活动的,则ActiveViewIndex属性值为−1。

MultiView控件的主要事件为ActiveViewChanged,表示当活动视图更改时激发。View控件的常用事件及说明如表18.2所示。

表18.2 View控件的常用事件及说明

事 件	描 述
Activate	当激活视图控件时激发
DataBinding	在要计算控件的数据绑定表达式时激发
Deactivate	当停用视图控件时激发
Disposed	在控件已被释放后激发
Init	在初始化后激发
Load	在加载页后激发
PreRender	在呈现该页前激发
Unload	在卸载该页时激发

例如,利用MultiView、View控件实现视图切换,切换时可以利用单选按钮组或View控件上的按钮实现对单选题和多选题的切换,实现步骤如下:

(1) 在Default.aspx页面中,拖入Label、RadiobuttonList控件至页面上,并进行相应的设置,然后拖动Multiview控件至页面上。

(2) 在Multiview控件中拖入两个View控件,分别在两个View控件中添加相应的控件。设置View1中的Button的CommandArgum属性为View2、CommandName属性为NextView。

(3) 设置View2中的Button的CommandArgum属性为View1、CommandName属性为PreView。

(4) Default.aspx.cs后台代码设置如下:

```
protected void RadioButtonList1_SelectedIndexChanged(object sender, EventArgs e)
    {
        MultiView1.ActiveViewIndex = RadioButtonList1.SelectedIndex;
    }
```

(5) 运行程序效果如图18.8、图18.9所示,单击View1控件中的Next按钮后显示View2控件。

图18.8 初次运行的界面

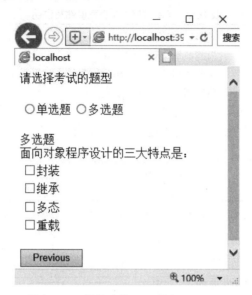

图18.9 单击View1控件中的Next按钮后显示View2控件

18.3.2 SQL 语句

SQL是Structured Query Language(结构化查询语言)的缩写。SQL是专为数据库而建立的操作语言,是一种功能齐全的数据库语言。

1. Select 语句

查询是SQL语言的核心。实现查询的主要功能是Select语句,具体语法如下:

SELECT [ALL|DISTINCT]列名

FROM 表名

[WHERE 条件表达式]

[GROUP BY 字段名 [HAVING 筛选条件]]

[ORDER BY 字段名 [ASC/DESC]];

功能:

(1) SELECT 子句:确定查询目标字段。

(2) FROM子句:指定查询的数据源。

(3) WHERE子句:指定查询条件,从数据源中找出满足条件的记录集。

(4) GROUP BY子句:通过特定字段对记录进行分组。

(5) HAVING子句:HAVING 与 WHERE 相似,WHERE 确定哪些记录会被选中。通过GROUP BY 对记录分组后,HAVING 确定将显示哪些记录。

(6) ORDER BY子句:按照指定字段进行排序。默认 ASC(升序)/DESC(降序)。

例如:

select * from 课程 课程名称=cx_cs.Text;

2. Create Table 语句

语法如下:

CREATE TABLE <表名>(<列名><数据类型>[<列级完整性约束条件>]

[,<列名><数据类型>[<列级完整性约束条件>]]…

[,<表级完整性约束条件>]);

<表名>:所要定义的基本表名称。

<列名>: 组成该表的各个属性(列)。

<列级完整性约束条件>:定义相应列的完整性约束条件。

<表级完整性约束条件>:定义一个或多个列的完整性约束条件。

功能:创建数据表。

例如:

create table bm (ID int not null identity(1,1)

,bm char(10)

,de int

,neng int

,qin int

,ji int

,khcj int

,PRIMARY KEY(ID));

3. Insert Into 语句

语法如下:

INSERT INTO <表名>[(<属性列 1>[,<属性列 2>…)]

VALUES(<常量 1>)[,<常量 2>]…);

功能:将新记录插入指定表中

例如:

insert into 课程(课号,课程名称,课时)

values(tj_kh.Text,tj_kcmc.Text,Convert.ToInt32(tj_ks.Text));

4. Update 语句

语法如下:

UPDATE <表名>

SET <列名>=<表达式>[,<列名>=<表达式>]…

[WHERE<条件>];

功能:修改指定表中满足 WHERE 子句条件的记录。

例如:

update 课程

set 课程名称=gx_kcmc.Text,课时= Convert.ToInt32(gx_ks.Text)

where 课号=gx_kh.Text;

5. Delete 语句

语法如下：

DELETE

FROM <表名>

[WHERE <条件>];

功能：删除指定表中满足WHERE子句条件的记录。

例如：Delete from 课程 where 课号=sc_cs.Text;

6. Drop 语句

语法如下：

Drop Table <表名>;

功能：删除指定表。

例如：

Drop Table 课程;

7. Alter Table语句

语法如下：

ALTER TABLE <表名>

ADD <列名> <数据类型> [<列级完整性约束>] | //增加新的属性(字段)

DROP <完整性约束名> | //删除完整性约束

DROP COLUMN <列名> | //删除属性

ALTER COLUMN <列名> <数据类型> [<列级完整性约束>]   //修改属性的定义

例如：向Student表增加"入学时间(Scome)"列，其数据类型为日期型。

Alter table Student ADD Scome datetime；

例如：删除学生姓名必须取唯一值的约束。

Alter table Student DROP UNIQUE(Sname)；

例如：将年龄的数据类型改为半字长整数

Alter table Student alter column Sage smallint null;

习　题

1. 选择题

（1）MultiView 控件包含多个(　　)对象。

　　A. Views　　　B. Columns　　　　　　C. Nodes　　　　　　D. WizardSteps

（2）MultiView 控件中获取下一版面的方法是(　　)。

　　A. ActiveViewIndex+=1　　　　　　　B. PageIndex+=1

　　C. EditIndex+=1　　　　　　　　　　D. 以上都不是

（3）RadioButtonList 控件中表示列表中项的集合的属性是(   )。

    A. Items   B. Rows   C. Columns   D. Radios

（4）RadioButtonList 控件中用于布局项的列数的属性是(   )。

    A. Columns   B. ColumnsCount   C. ColumnCount   D. RepeatColumns

（5）RadioButtonList 控件中表示项的布局方向的属性是(   )。

    A. RepeatDirection   B. RepeatMode

    C. RepeatLayout   D. Direction

（6）RadioButtonList 控件选中项的索引是(   )。

    A. Index   B. SelectedItem.Index

    C. SelectedItem.ItemIndex   D. SelectedIndex

（7）RadioButtonList 控件的选中项是(   )。

    A. Selected   B. SelectedItem

    C. SelectedValue   D. SelectedIndex

（8）RadioButtonList 控件的选中项值是(   )。

    A. SelectedItem.Text   B. SelectedItem

    C. SelectedValue   D. SelectedText

（9）能够用来给选定记录排序的 SELECT 语句的子句是(   )。

    A. Where   B. Having   C. Group by   D. Order by

（10）在下列 SQL 语句中,修改表结构的是(   )。

    A. Alter   B. Create   C. Update   D. Insert

（11）SQL 语言中插入记录的命令是(   )。

    A. Insert into   B. Create table   C. Update   D. Drop table

（12）Update 语句的功能是(   )。

    A. 属于数据定义功能   B. 可以修改表中字段的内容

    C. 属于数据查询功能   D. 可以修改表中字段

2. 填空题

（1）获取或者设置 MultiView 控件的活动 View 控件索引是＿＿＿＿＿＿＿＿＿。

（2）获取 MultiView 控件的上一版面的方法是＿＿＿＿＿＿＿＿＿。

（3）将 ActiveViewIndex 属性默认值设置为＿＿＿＿＿＿＿＿＿,则 MultiView 控件默认显示第一个版面。

（4）在 SQL 语句中,Select 语句通过＿＿＿＿＿＿＿＿＿子句实现对查询结果进行分组。

（5）在 Select 语句中使用 *,表示＿＿＿＿＿＿＿＿＿。

3. 操作题

完成本任务的设计与开发。

任务19　Web投票系统设计与实现

19.1　任 务 描 述

该任务针对目前事业单位年度绩效考核办法进行研究,以教学系为单位进行设置,设计年度考核投票系统的一般功能,主要包括投票和管理两个模块,投票模块实现用户登录验证、投票和查票功能,管理模块实现查票、验票、计票和用户信息维护功能。具体效果如图19.1~图19.7所示。

图19.1　用户登录验证的窗体

图19.2　用户登录的窗体

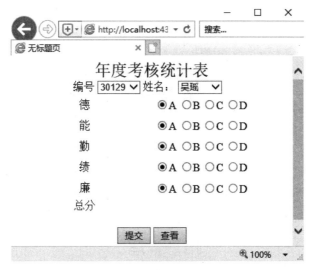

图19.3　用户投票的窗体

图19.4　年度考核投票系统的提示消息

图19.5　管理员登录的窗体

图19.6　管理员的主窗体

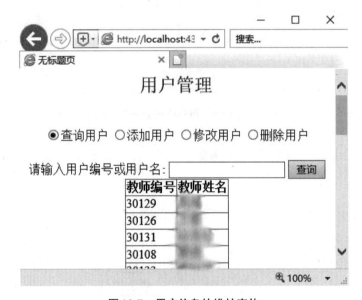

图19.7　用户信息的维护窗体

19.2　操作步骤

19.2.1　建立站点

启动 Microsoft Visual Studio 应用程序。选择"文件"→"新建"→"项目",打开"新建项目"对话框,选择"ASP.NET Web 应用程序(.NET Framework)",单击下一步,在"位置"下拉列表框中选择相应位置,创建项目名称为"ch19"的 ASP.NET Web 应用程序(.NET Framework),选择空,单击"创建",创建空的 ASP.NET Web 应用程序(.NET Framework)。在站点根目录单击鼠标右键,选择"添加新项",弹出"添加新项"对话框,命名为"dl.aspx",同理添加"htgl.aspx""jsndkh.aspx""khtj.aspx""tpjg.aspx""yhgl.aspx""admin.aspx",首先在所有页面的命名空间中输入:

```
using System.Data.OleDb;
using System.Data;
```

19.2.2　创建数据库

在ch19文件夹中，打开App_Data文件夹，在该文件夹中新建名为"ksk.accdb"的文件，在数据库中创建jsb、jskhb、tpb、admin 4个数据表，各数据表结构分别如图19.8～图19.11所示。

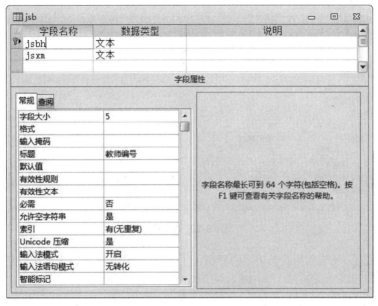

图19.8　jsb表

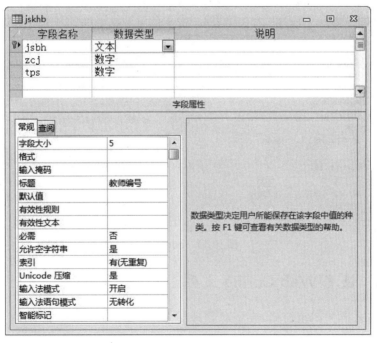

图19.9　jskhb表

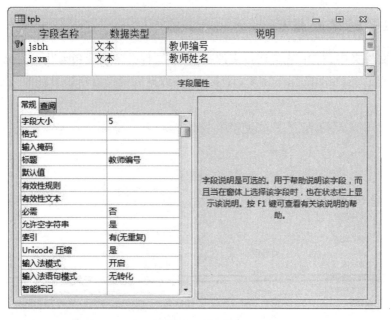

图 19.10 tpb 表

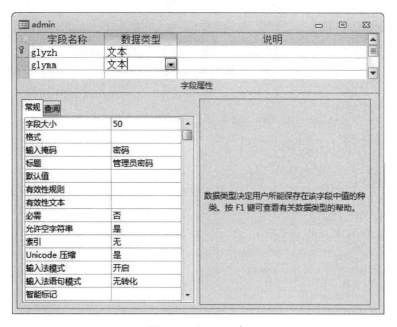

图 19.11 admin 表

19.2.3 设置 Web.Config 文件

运行 dl.aspx,再关闭该窗口,在资源管理器中,双击 Web.Config 文件,在<configuration></configuration>中添加如下代码:

<appSettings >

<add key= "ConnectionString" value= "Provider=Microsoft. ACE. OleDb. 12.0; Data Source=

|DataDirectory|ksk.accdb"/>

　　　　</appSettings>

19.2.4　设计登录窗体

　　打开dl.aspx文件,单击窗口左下角的"设计"按钮,向窗口中插入Label1控件,设置Text为
"年度考核投票系统",Font/Size为18 pt;第2行插入Label2控件和TextBox控件,设置Label2的
Text为"请输入编号:",文本框的ID为bh;第3行插入Button1和Button2两个控件,并分别设
置其Text属性为"登录"和"管理",Button2的PostBackUrl属性值为"admin.aspx";第4行插入
Label控件,ID为ts,效果如图19.2所示。双击Button1控件,在Button1_Click事件中添加如下
代码:

```
string stra = System.Configuration.ConfigurationManager.AppSettings["ConnectionString"];
string a = bh.Text;
string ab = "select count(*) from jsb where jsbh='" + a + "'";
Session["zh"] = a;
OleDbConnection con = new OleDbConnection(stra);
con.Open();
OleDbCommand coma = new OleDbCommand(ab, con);
int b =(int)coma.ExecuteScalar();
if (b == 0) ts.Text = "你不是合法用户!! ";
else
{
    string xy = "select jsxm from jsb where jsbh='" + a + "'";
    OleDbCommand ef = new OleDbCommand(xy, con);
    string xm = (string)ef.ExecuteScalar();
    string cd = "select count(*) from tpb where jsbh='" + a + "'";
    OleDbCommand comc = new OleDbCommand(cd, con);
    int c =(int)comc.ExecuteScalar();
    if (c == 0)
    {
        string zj = "insert into tpb(jsbh,jsxm)values(" + Session["zh"] + "," + "'" + xm + "'"
+ ")";
        OleDbCommand tpzj = new OleDbCommand(zj, con);
        tpzj.ExecuteNonQuery();
    }
    Response.Redirect("jsndkh.aspx");
}
```

19.2.5　设计用户投票窗体

打开 jsndkh.aspx 文件,单击窗口左下角的"设计"按钮,向窗口中插入 Label1 控件,设置 Text 为"年度考核统计表",Font/Size 为 18 pt;第 2 行插入 Label2 控件,设置其 Text 值为"编号:",插入 DropDownList 控件,ID 为 jsbh,并和 jsb 表的 jsbh 字段绑定,插入 Label3 控件,设置其 Text 值为"姓名:",插入 DropDownList 控件,ID 为 jsxm,并和 jsb 表的 jsxm 字段绑定;第 3 行插入 6 行 2 列 400px 的表格,表格第 1 列中依次插入 Label4、Label5、Label6、Label7、Label8、Label9 控件,并设置它们的 Text 属性值分别为:德、能、勤、绩、廉和总分,表格第 2 列依次插入 RadioButtonList 控件,并命名为 rdb_de、rdb_neng、rdb_qin、rdb_ji、rdb_lian,投票选项属性设置如图 19.12 所示,最后一个单元格插入 Label 控件,ID 为 zf,Text 为空;第 4 行插入按钮 Button1 和 Button2,其 Text 属性分别设置为"提交""查看"。效果如图 19.3 所示。在 jsbh_SelectedIndexChanged 事件中添加如下代码:

```
string str = "select jsxm from jsb where jsbh='" + jsbh.SelectedItem.Text + "'";
string strConn = System. Configuration. ConfigurationManager. AppSettings["ConnectionString"];
OleDbConnection con = new OleDbConnection(strConn);
con.Open();
OleDbCommand my = new OleDbCommand(str, con);
string xm = (string)my.ExecuteScalar();
jsxm.Items.Add(xm);
jsxm.SelectedItem.Text = xm;
```

在 Button1_Click 事件中添加如下代码:

```
string strConn = System. Configuration. ConfigurationManager. AppSettings["ConnectionString"];
int de_fs = 0,neng_fs=0,qin_fs=0,ji_fs=0,lian_fs=0;
string tpr = "";
string bm = jsbh.SelectedItem.Text;
switch (rdb_de.SelectedIndex)
{
    case 0: de_fs = 21; break;
    case 1: de_fs = 15; break;
    case 2: de_fs = 10; break;
    case 3: de_fs = 5; break;
}
switch (rdb_neng.SelectedIndex)
{
    case 0: neng_fs = 21; break;
```

```
    case 1: neng_fs = 15; break;
    case 2: neng_fs = 10; break;
    case 3: neng_fs = 5; break;
}
switch (rdb_qin.SelectedIndex)
{
    case 0: qin_fs = 21; break;
    case 1: qin_fs = 15; break;
    case 2: qin_fs = 10; break;
    case 3: qin_fs = 5; break;
}
switch (rdb_ji.SelectedIndex)
{
    case 0: ji_fs = 21; break;
    case 1: ji_fs = 15; break;
    case 2: ji_fs = 10; break;
    case 3: ji_fs = 5; break;
}
switch (rdb_lian.SelectedIndex)
{
    case 0: lian_fs = 21; break;
    case 1: lian_fs = 15; break;
    case 2: lian_fs = 10; break;
    case 3: lian_fs = 5; break;
}
OleDbConnection con = new OleDbConnection(strConn);
con.Open();
try
{
    string cx="select * from "+bm;
    OleDbCommand de1 = new OleDbCommand(cx,con);
    OleDbDataAdapter da = new OleDbDataAdapter();
    da.SelectCommand = de1;
    DataSet ds = new DataSet();
    da.Fill(ds,"bm");
    try
    {
```

```
        ds.Tables["bm"].Rows.Add(Session["zh"],bm,de_fs,neng_fs,qin_fs,ji_fs,lian_fs);
        OleDbCommandBuilder xy = new OleDbCommandBuilder(da);
        da.Update(ds,"bm");
        int fs = de_fs + neng_fs + qin_fs + ji_fs + lian_fs;
        zf.Text = fs.ToString();
        string gx = "update jskhb set  zcj = zcj+'" + fs + "'" + ",tps=tps+1" + " where jsbh='"
+ bm + "'";
        OleDbCommand zcr = new OleDbCommand(gx,con);
        zcr.ExecuteNonQuery();
      }
    catch
      {
        Response.Write("<script>alert('你已经给他投过票了！');</script>");
      }
    }
    catch
      {
        string xb = "Create Table " + bm + "(tpr char(5) primary key," + bm + " char(5),de
int,neng int,qin int,ji int,lian int)";
        int khcj = de_fs + neng_fs + qin_fs + ji_fs+lian_fs;
        string cr = "insert into " + bm + "( tpr ," + bm + ",de,neng,qin,ji,lian)values(" + Ses-
sion["zh"] + "," + bm + "," + de_fs + "," + neng_fs + "," + qin_fs + "," + ji_fs + "," + lian_fs
+ ")";
        OleDbCommand de1 = new OleDbCommand(xb,con);
        de1.ExecuteNonQuery();
        OleDbCommand ins = new OleDbCommand(cr,con);
        ins.ExecuteNonQuery();
        zf.Text = (de_fs + neng_fs + qin_fs + ji_fs+lian_fs).ToString();
        int  tps =0;
        tps = tps + 1;
        string cxz = "insert into jskhb(jsbh,zcj,tps)values(" + bm + "," + khcj + "," + tps + ")";
        OleDbCommand zcr = new OleDbCommand(cxz,con);
        zcr.ExecuteNonQuery();
      }
```

在Button2_Click事件中添加如下代码：

```
Response.Redirect("tpjg.aspx");
```

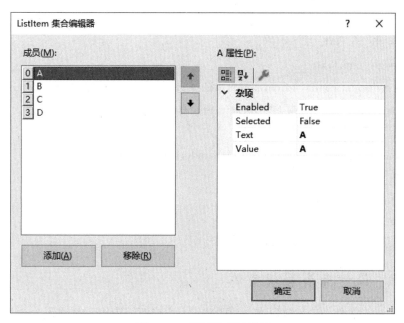

图 19.12　投票选项的设置

19.2.6　设计投票结果窗体

打开 tpjg.aspx 文件,单击窗口左下角的"设计"按钮,向窗口中插入 Label1 控件,设置其 Text 属性为"投票结果",Font\Size 为"X-large";第 2 行插入 GridView 控件;第 3 行插入 Button1 控件,并设置其 Text 值为"返回"。在 Button1_Click 事件中添加如下代码:

Response.Redirect("dl.aspx");

在页面的 Page_Load 事件中添加如下代码:

string strConn = System. Configuration. ConfigurationManager. AppSettings["Connection-String"];

OleDbConnection con = new OleDbConnection(strConn);

con.Open();

string cx = "select jsbh as 教师编号,zcj as 总成绩,tps as 票数 from jskhb";

OleDbCommand comjg = new OleDbCommand(cx, con);

GridView1.DataSource = comjg.ExecuteReader();

GridView1.DataBind();

19.2.7　设计管理员窗体

打开 admin.aspx 文件,单击窗口左下角的"设计"按钮,向窗口中插入 Label1 控件,设置 Text 为"管理员登录",Font\Size 为 18 pt;第 2 行插入 Label2,设置 Text 为"管理员账号:",再插入 TextBox 控件,ID 为 gly_zh;第 3 行插入 Label3,设置 Text 为"管理员密码:",再插入 TextBox 控件,ID 为 gly_mm,TextMode 设置为"Password";第 4 行插入 Button1 按钮,设置 Text 为"登录";第 5 行插入 Label4,ID 为 ts。在 Button1_Click 事件中添加如下代码:

```
string stra = System.Configuration.ConfigurationManager.AppSettings["ConnectionString"];
string x = gly_zh.Text;
string y = gly_mm.Text;
string x1 = "select count(*) from admin where glyzh='" + x + "'"+" and glymm='"+y+"'";
OleDbConnection con = new OleDbConnection(stra);
con.Open();
OleDbCommand coma = new OleDbCommand(x1 , con);
int b = 0;
b = (int)coma.ExecuteScalar();
if (b != 0) Response.Redirect("htgl.aspx");
else ts.Text = "你不是管理员!! ";
```

19.2.8 设计后台管理窗体

打开 htgl.aspx 文件,单击窗口左下角的"设计"按钮,向窗口中插入 Label1 控件,设置 Text 为"后台管理",Font\Size 为"X-Large";第 2 行插入按钮 Button1 和 Button2,设置 Text 分别为"查票"和"用户管理"。在 Button1_Click 中添加如下代码:

```
Response.Redirect("khtj.aspx");
```

在 Button2_Click 中添加如下代码:

```
Response.Redirect("yhgl.aspx");。
```

19.2.9 设计考核统计窗体

打开 khtj.aspx 文件,单击窗口左下角的"设计"按钮,向窗口中插入 Label1 控件,设置 Text 为"统计结果",Font\Size 为"X-Large";第 2 行插入 GridView1 控件,ID 为 tj_bg;第 3 行插入 Label2 控件,ID 为 ztprs,Text 为空。在页面 Page_Load 中插入如下代码:

```
string strConn = System. Configuration. ConfigurationManager. AppSettings["Connection-String"];
OleDbConnection con = new OleDbConnection(strConn);
con.Open();
OleDbCommand my = new OleDbCommand("select jsxm as 教师姓名,zcj as 考核成绩 ,tps as 投票数 from jsb,jskhb where jsb.jsbh=jskhb.jsbh order by zcj desc" , con);
OleDbDataAdapter da = new OleDbDataAdapter();
da.SelectCommand =my;
DataSet ds = new DataSet();
da.Fill(ds , "khbtj");
tj_bg.DataSource=ds.Tables["khbtj"].DefaultView;
tj_bg.DataBind();
OleDbCommand zs = new OleDbCommand("select count(jsbh) from tpb",con);
```

int zrs = (int)zs.ExecuteScalar();

ztprs.Text = "总投票人数:"+zrs.ToString()+"人";

19.2.10　设计用户管理窗体

打开yhgl.aspx文件,单击窗口左下角的"设计"按钮,具体设计参考任务15。

19.2.11　运行

在资源管理器中选择dl.aspx文件,单击鼠标右键,选择"设为起始页"项,再单击工具栏启动调试按钮" ▶ "运行应用程序,可得图19.1～图19.7所示效果。

19.3　Windows下IIS的安装

19.3.1　安装 IIS

"开始"菜单→控制面板→程序和功能→打开或关闭Windows功能,弹出"Windows功能"窗口,如图19.13所示,选择"Internet Information Services"中的每一项,单击"确定"按钮即可。

图19.13　Windows功能的对话框

19.3.2　启动 IIS

开始→程序→控制面板→管理工具,双击"Internet信息服务管理器",打开"Internet信息服务管理器"。

19.4 Windows下配置Web服务

19.4.1 打开 IIS 管理器

开始→程序→控制面板→管理工具→Internet信息服务(IIS)管理器,如图19.14所示。

图19.14 IIS信息服务管理器的窗口

19.4.2 添加网站

在"网站"上单击鼠标右键,弹出右键菜单,选择"添加网站",弹出"添加网站"窗口。

19.4.3 选择站点文件

网站名称中输入"投票系统",单击"物理路径"后的按钮,弹出"浏览文件夹"窗口,选择站点文件夹,并为站点分配端口。

19.4.4 给网站添加虚拟目录

右击网站,选择"添加虚拟目录"命令,在弹出的对话框中输入别名和物理路径。注意:把虚拟目录指向web.config所在的文件夹,因为web.config的某些配置节只能出现在网站的虚拟目录的根目录中。右击虚拟目录,选择"转换为应用程序"命令,将虚拟目录转换为应用程序,如图19.15所示。

图 19.15　转换为应用程序

19.4.5　设置应用程序池

在 IIS 左侧的连接框中单击计算机名称下的"应用程序池"。选择添加的网站,将托管道模式改成"经典"。再选择右边的"高级设置",将"标识"改成 LocalSystem 或者 NetworkService。

设置默认文档:单击"PC"回到主页面,首先单击"网站→投票系统",再选择主窗口中的"默认文档",弹出"默认文档"窗口,双击默认文档,如图 19.16 所示,将添加 dl.aspx,并移动到最前端。

图 19.16　默认文档的窗口

19.4.6 系统检验

打开IE,在地址栏中输入127.0.0.1:80,运行如图19.17所示效果。

图19.17 系统检验效果图

19.5 网站打包与安装

19.5.1 创建项目

打开Microsoft Visual Studio 2010,选择"文件"→"新建"→"项目",弹出"新建项目"对话框,在项目类型中选择"其他项目类型"→"安装和部署",在模板中选择"Web安装项目"。在"名称"文本框后输入存放打包网站文件夹的名称,在"位置"文本框中输入存放打包网站文件夹的目录,如图19.18所示,单击"确定"按钮进入主界面。

图19.18 新建项目对话框

19.5.2　设置项目属性

在"解决方案资源管理器"的 tpxt 中单击鼠标右键,选择"属性",弹出"tpxt 属性页"对话框,单击"系统必备"按钮,弹出"系统必备"对话框,如图 19.19 所示,选择如图所示选项,单击"确定"按钮回到主界面。

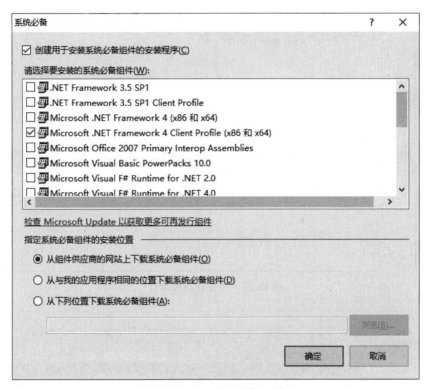

图 19.19　"系统必备"对话框

19.5.3　选择打包网站

在"解决方案资源管理器"中单击鼠标右键,选择"添加"→"现有网站",弹出"添加现有网站"对话框,选择打包网站的文件夹,单击"打开"按钮回到主界面。

19.5.4　设置项目输出

在"文件系统编辑器"中的"Web 应用程序文件夹"上单击鼠标右键,选择"添加"→"项目输出",如图 19.20 所示,弹出"添加项目输出组"对话框,单击"确定"按钮,即将"内容文件"添加到打包网站中,在"文件系统编辑器"中将会出现内容输出文件,如图 19.21 所示。

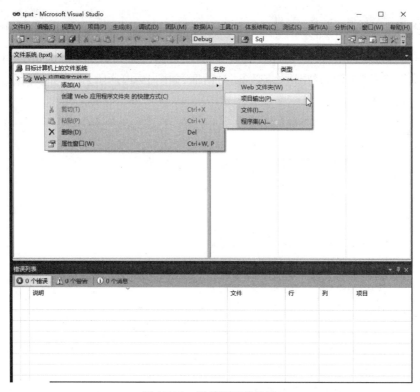

图19.20　设置项目的输出

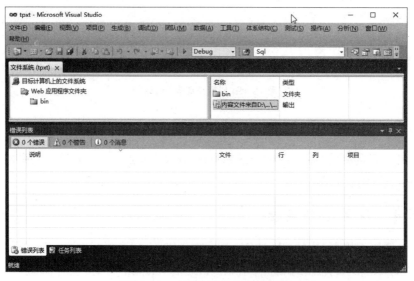

图19.21　内容文件的输出效果图

19.5.5　生成安装文件

选择"生成"→"生成tpxt"菜单项,生成网站安装文件,在E盘生成的tpxt文件夹即为打包网站的安装文件。

19.5.6　网站安装

打开 X：\tpxt\debug\ 目录，双击 setup.exe 文件即可安装设计好的网站。

习　题

1. 简答题

（1）简述 IIS 中站点 IP 地址、端口号的配置和站点访问方法。

（2）简述将 ASP.NET 应用程序发布到服务器的步骤。

2. 操作题

完成本任务的设计与开发。

任务20 三层架构实现用户信息管理

20.1 任务描述

该任务依据 ASP.NET 3 层架构方法,设计用户管理系统,充分利用现有的计算机网络资源,实现用户的管理工作。该系统主要包括对管理员、普通用户登录系统进行验证,用户注册,管理员信息修改。系统初次登录,如果用户没有注册,进入注册界面进行用户注册。如果身份为普通用户,可以实现对数据的插入操作;如果身份为管理员用户,可以对数据进行更新、删除操作。具体效果如图20.1～图20.7所示。

图20.1 初次登录的窗体

图20.2 账号或密码为空时的提示

图 20.3　注册成功的提示

图 20.4　普通用户登录成功

图 20.5　管理员登录成功

图20.6　管理员信息的选择

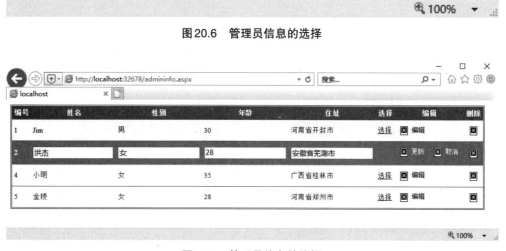

图20.7　管理员信息的编辑

20.2　操作步骤

20.2.1　建立站点

启动 Microsoft Visual Studio 应用程序。选择"文件"→"新建"→"项目",打开"新建项目"对话框,在"创建新项目中",选择"所有语言""所有平台""其他",如图20.8所示,单击下一步,在"位置"下拉列表框中选择相应位置,创建名称为"UserManage"的解决方案资源管理器。

图20.8　创建空白解决方案

20.2.2　创建数据访问组件 DAL

在空白解决方案根目录单击鼠标右键,在弹出的对话框中选择"添加"→"新建项目"→"类库",如图20.9所示,单击"下一步",建立数据访问组件 DAL 类库。在数据访问组件 DAL 类库下单击鼠标右键,选择"添加"→"新建项"→"类",添加类文件 Class1.cs,Class1.cs 类文件代码如下:

图20.9　添加类库文件

```csharp
using System;
using System.Collections.Generic;
using System.Linq;
using System.Text;
using System.Data;
using System.Data.OleDb;
namespace DAL
{
    public class Class1
    {
        protected static OleDbConnection conn = new OleDbConnection();
        protected static OleDbCommand cmd = new OleDbCommand();
        //声明一个返回信息属性
        private string _msg;
        public string msg
        {
            get
            {
                return _msg;
            }
            set
            {
                _msg = value;
            }
        }
        //打开数据库
        public static void Open()
        {
            string strConn = "Provider=Microsoft. ACE. OleDb. 12.0; Data Source=|DataDirec-tory|data.accdb";
            if (conn.State == ConnectionState.Closed)
            {
                conn.ConnectionString = strConn;
                cmd.Connection = conn;
                try
                {
                    conn.Open();
```

```
            }
            catch (Exception e)
            {
                throw new Exception(e.Message);
            }
        }
    }
//关闭数据库
public static void Close()
{
    if (conn.State == ConnectionState.Open)
        conn.Close();
    conn.Dispose();
    cmd.Dispose();
}
//执行一个SQL语句,添加、修改、删除
public void ExceSQL(string strSqlCom)
{
    string strCon = "Provider=Microsoft. ACE. OleDb. 12.0; Data  Source=|DataDirec-
tory|data.accdb";
        //创建数据库连接对象
    OleDbConnection sqlcon = new OleDbConnection(strCon);
    OleDbCommand sqlcom = new OleDbCommand(strSqlCom, sqlcon);
    try
    {
        //判断数据库是否为连接状态
        if (sqlcon.State == System.Data.ConnectionState.Closed)
        { sqlcon.Open(); }
        //执行SQL语句
        sqlcom.ExecuteNonQuery();
        //SQL语句执行成功,返回true值
        msg = "更新成功";
      //return true;
    }
    catch
    {
        //SQL语句执行失败,返回false值
```

```
            msg="更新失败";
        }
        finally
        {
            //关闭数据库连接
            sqlcon.Close();
        }
    }
    //执行一个SQL语句,返回影响行数
    public int ExeSqlRows(string sql)
    {
        Open();
        try
        {
            cmd.CommandText = sql;
            int rowCount = cmd.ExecuteNonQuery();
            Close();
            return rowCount;
        }
        catch
        {
            Close();
            return 0;
        }
    }
    //返回数据集的方法
    public DataSet GetDataSet(string sql)
    {
        Open();
        DataSet ds = new DataSet();
        OleDbDataAdapter da = new OleDbDataAdapter();
        cmd.CommandText = sql;
        da.SelectCommand = cmd;
        try
        {
            da.Fill(ds, "datatable");
            Close();
```

```
        }
        catch
        {
            Close();
        }
        return ds;
    }
    //返回 DataReader
    public OleDbDataReader GetDataReader(string sql)
    {
        OleDbDataReader dr = null;
        try
        {
            Open();
            cmd.CommandText = sql;
            cmd.CommandType = CommandType.Text;
            dr = cmd.ExecuteReader();
        }
        catch
        {
            try
            {
                dr.Close();
                Close();
            }
            catch
            {
                Close();
            }
        }
        return dr;
    }
    //返回 DataTable
    public DataTable GetDataTable(string sql)
    {
        OleDbDataAdapter da=new OleDbDataAdapter();
        DataTable dt=new DataTable();
```

```
try
{
    Open();
    cmd.CommandType=CommandType.Text;
    cmd.CommandText=sql;
    da.SelectCommand=cmd;
    da.Fill(dt);
}
    catch
    {
        Close();

    }
    return dt;
    }
  }
}
```

20.2.3 创建业务逻辑组件

在空白解决方案根目录单击鼠标右键,在弹出的对话框中选择"添加"→"新建项目"→ "类库",添加业务逻辑组件BLL类库。在BLL类库中点击"引用",选择"添加引用",引用 DAL数据访问组件项目,如图20.10所示。在业务逻辑组件BLL类库下单击鼠标右键,选择 "添加"→"新建项目"→"类",添加类文件Class1.cs,Class1.cs类文件代码如下:

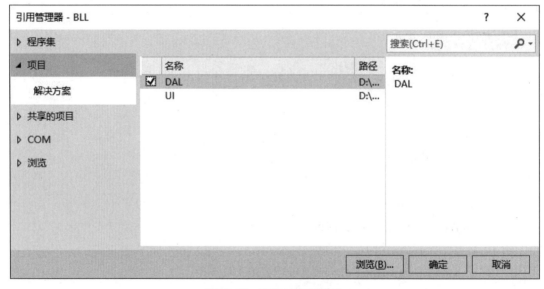

图20.10 添加BLL的引用

```
using System;

using System.Collections.Generic;

using System.Linq;

using System.Text;

using System.Data;

using System.Data.OleDb;

using DAL;

namespace BLL

{

    public class Class1

    {

        //创建数据访问类的对象实例
        DAL.Class1 NewDal = new DAL.Class1();
        //声明一个返回信息属性
        private string _msg;
        public string msg
        {
            get
            {
                return _msg;
            }
            set
            {
                _msg = value;
            }
        }
        //验证用户登录信息
        public bool Chklogin(string strUid, string strPwd, string strRole)
        {
            string SQLStr = "";
            if (strRole == "用户")
            {
                SQLStr = "SELECT * FROM Users where UserName='" + strUid + "' and
Password='" + strPwd + "'";
            }
            else
            {
```

```
        SQLStr = "SELECT * FROM Admin where name='" + strUid + "' and pass=
'" + strPwd + "'";
        }
        DataTable dt = NewDal.GetDataTable(SQLStr);
        if (dt.Rows.Count != 0)
        {
            return true;
        }
        else
        {
            return false;
        }
    }
    //执行一个SQL语句,添加、修改、删除
    public void ExceSQL(string strSqlCom)
    {
        string strCon = "Provider=Microsoft. ACE. OleDb. 12.0; Data  Source=|DataDirec-
tory|data.accdb";
        //创建数据库连接对象
        OleDbConnection sqlcon = new OleDbConnection(strCon);
        OleDbCommand sqlcom = new OleDbCommand(strSqlCom, sqlcon);
        try
        {
            //判断数据库是否为连接状态
            if (sqlcon.State == System.Data.ConnectionState.Closed)
            { sqlcon.Open(); }
            //执行SQL语句
            sqlcom.ExecuteNonQuery();
            //SQL语句执行成功,返回true值
            msg = "更新成功";
          //return true;
        }
        catch
        {
            //SQL语句执行失败,返回false值
            msg="更新失败";
        }
```

```
        finally
        {
            //关闭数据库连接
            sqlcon.Close();
        }
    }


    //返回将用户表填充的数据集
public DataSet GetDataSet()
{
string SQLStr="select * from Users";
return NewDal.GetDataSet(SQLStr);
}
//接受用户ID参数,返回某一用户的信息
public DataSet Getuser(string UserId)
{
    string SQLStr="select * from Users where UserName='"+UserId+"'";
    return NewDal.GetDataSet(SQLStr);
}
//接受用户ID和字段值参数,更新用户表
public void UpdateExeSql(string v0,string v1,string v2,string v3,string v4)
{
    string vid="";
    string SQLStr = "update Admin set name='" + v0 + "',pass='" + v1 + "',sex='" + v2 +
"',age='" + v2 + "',addr= '" + v4 + "' where ID="+vid;
    if (NewDal.ExeSqlRows(SQLStr) == 0)
    {
      NewDal.ExceSQL(SQLStr);
      msg = "操作成功!";
    }
    else
    {
      msg = "已有人使用此账号!";
    }
}
//添加新记录
public void InsertExeSql(string vO,string v1,string v2,string v3,string v4,string v5,string
```

```
v6,string v7)
    {
        string SQLStr1 = "select UserName from Users where UserName='" + vO + "'";
        string SQLStr = "insert into Users(UserName,Password,RealName,Sex,Tel,Email,Ad-
dress,Note)values('";
        SQLStr = SQLStr+vO+"','"+v1+"','"+v2+"','"+v3+"','"+v4+"','"+v5+"','"+v6+"',
'"+v7+"')";
        if(NewDal.ExeSqlRows(SQLStr1)==0)
        {
            NewDal.ExceSQL(SQLStr);
            msg="操作成功!";
        }
        else
    {
        msg="已有人使用此账号! ";
    }
    }
    //删除记录并返回影响行数
    public int DeleteExeSqlRows(string vid)
    {
        string SQLStr = "delete * from Admin where ID='"+vid+"'";
        return NewDal.ExeSqlRows(SQLStr);
    }
```

20.2.4　创建数据库

打开 Access2010 创建数据库 data.accdb,在数据库下创建 Admin 和 Users 2 张表,Admin 和 Users 表结构如图 20.11 和图 20.12 所示。

图 20.11　Admin 表的结构

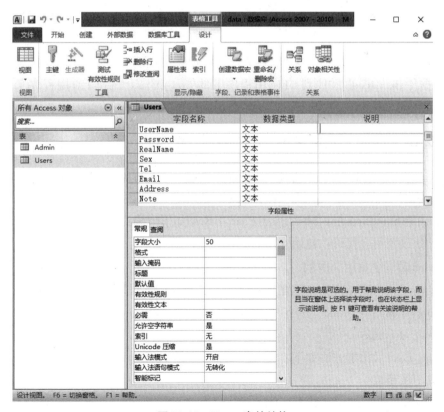

图 20.12　Users 表的结构

20.2.5　创建表现层

在解决方案资源管理中右击解决方案,选择"添加"→"新建项目"→"ASP.NET Web 应用程序(.NET Framework)",如图20.13所示,单击下一步,添加 UI 应用程序。

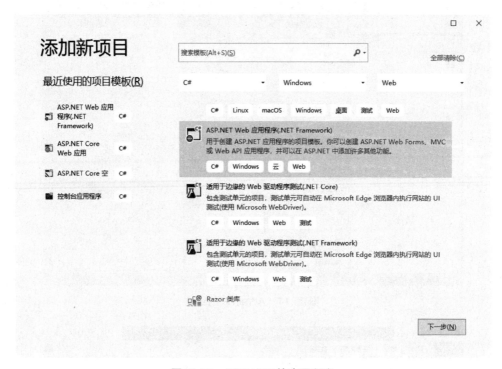

图20.13　ASP.NET 的应用程序

将数据库data.accdb添加到 UI 应用程序下的 App_Data 下,在 UI 应用程序下添加引用BLL 和 DAL。

20.2.6　添加 UI 应用程序下 Web 窗体

在 UI 下单击鼠标右键,分别添加 admininfo.aspx、login.aspx、Res.aspx、UserInfo.aspx、Image.aspx 窗体。在 Image.aspx.cs 中的 Page_Load 中添加命名空间 using System.Drawing 和using System.Drawing.Imaging,并在Page_Load中添加如下代码:

```
//在此处放置用户代码以初始化页面
//rndnum是一个自定义函数
string vnum = rndnum(4); //这里的数字4代表显示的是4位的验证字符串!
Session["vnum"] = vnum;
validatecode(vnum);
```

在 Page_Load 后添加方法如下:

```
//生成图像函数
private void validatecode(string vnum)
{
```

```
        int gheight = (int)(vnum.Length * 11.5);
        //gheight为图片宽度,根据字符长度自动更改图片宽度
        System.Drawing.Bitmap img = new System.Drawing.Bitmap(gheight, 20);
        Graphics g = Graphics.FromImage(img);
        g.DrawString(vnum, new System.Drawing.Font("arial", 12), new System.Drawing.Solid-
Brush(Color.Red), 3, 3);
        //在矩形内绘制字串(字串,字体,画笔颜色,左上x.左上y)
        System.IO.MemoryStream ms = new System.IO.MemoryStream();
        img.Save(ms, System.Drawing.Imaging.ImageFormat.Png);
        Response.ClearContent(); //需要输出图像信息,要修改http头
        Response.ContentType = "image/png";
        Response.BinaryWrite(ms.ToArray());
        g.Dispose();
        img.Dispose();
        Response.End();
    }
    //生成随机数函数中从vchar数组中随机抽取
    //字母区分大小写
    public string rndnum(int vcodenum)
    {
        string vchar = "1,2,3,4,5,6,7,8,9,a,b,c,d,e,f,g,h,i,j,k,l,m,n,p,q,r,s,t,u,w,x,y,z";
        string[] vcarray = vchar.Split(',');
        string vnum = "";//由于字符串很短,就不用stringbuilder了
        int temp = -1;//记录上次随机数值,尽量避免生成几个一样的随机数
        //采用一个简单的算法以保证生成随机数的不同
        Random rand = new Random();
        for (int i = 1; i < vcodenum + 1; i++)
        {
            if (temp != -1)
            {
                rand = new Random(i * temp * unchecked((int)DateTime.Now.Ticks));
            }
            //int t =  rand.next(35) ;
            int t = rand.Next(33);
            if (temp != -1 && temp == t)
            {
                return rndnum(vcodenum);
```

```
        }
        temp = t;
        vnum += vcarray[t];
    }
    return vnum;
}
```

20.2.7　设计 login.aspx 窗体

在 login.aspx 窗体的设计视图添加 5 行 2 列的表格。在表格的第 1 列的第 1、2、3 行单元格分别输入用户名、密码和验证码。在第 2 列的第 1、2、3 行拖入 TexBox 控件,分别命名为tb_user、tb_pass 和 txtCode。在表格的第 2 列第 3 行单元格拖入名为 Image1 的 Image 控件。Image 控件的 style 属性设置如下:width: 65px; font-weight: lighter; color: red; font-style: normal; font-size: smaller; height: 26px。切换到 login.aspx 的源代码中,在第 3 行第 2 列 Image 控件中添加 onclick="return Image1_onclick()",同时在 Image 控件的源代码后添加如下代码:

```
<img id="Image1" src="Image.aspx" style="width: 65px; font-weight: lighter; color: red;
font-style: normal; font-size: smaller; height: 26px;"
    onclick="return Image1_onclick()" />
<script language="javascript">
    function change() {
        var img = document.getElementById("Image1");
        img.src = img.src + '?';
    }
    function Image1_onclick() {
    }
</script>
<a href="javascript:change();" style="font-size: 15px">看不清,换一张</a>
```

控件的属性设置如表 20.1 所示。

表 20.1　控件的属性设置

控件类型	控件名	属性名称	属性值
TextBox 控件	tb_user	ID	tb_user
	tb_pass	TextMode	tb_pass
	txtCode	Height	22px
		Width	56px
Button 控件	btnSubmit	Text	提交
Image 控件	Image1	Dir	ltr
		Src	Image.aspx

在 login.aspx 窗体的设计视图的 class 添加如下代码:

```
BLL.Class1 NewBll = new BLL.Class1();
```

双击名称为btnSubmit的Button控件,设置代码如下:

```
string strUser = tb_user.Text.Trim();
string strPwd = tb_pass.Text.Trim();
string strRole = rdb.SelectedItem.Value;
if (strUser == "" || strPwd == "")
{
    Page.RegisterStartupScript("alert","<script>alert('请检查您的输入');</script>");
    return;
}
//调用用户管理类中的登录审核方法,根据角色导向不同的页面
if (NewBll.Chklogin(strUser,strPwd,strRole))
{
    Session["UserName"] = strUser;
    Session["Role"] = strRole;
    if (strRole == "管理员")
    {
        Response.Redirect("admininfo.aspx");
    }
    else
    {

        Response.Redirect("UserInfo.aspx");
    }
}
else
{
    Session["UserName"] = null;
    Response.Redirect("Res.aspx");

}
```

20.2.8　设计 Res.aspx 窗体

在Reg.aspx窗体的设计视图添加10行2列的表格,合并表格第1行并输入用户注册。在表格第1列的第2、3、4、5、6、7、8、9行单元格分别输入用户名、密码、姓名、性别、联系电话、Email、联系地址和备注。在表格第2列的第2、3、4、6、7、8、9行单元格拖入TextBox控件,分别命名为username、psd、realname、tel、email、address和note。在表格第2列的第5行单元格插入名为rdbsex的RadioButtonList控件。合并表格第10行,并分别命名为reg和ct的Button控

件。单击reg设置reg_Click单击事件代码如下:

```
string vUserName = username.Text.Trim();
string vPassword = psd.Text.Trim();
string vRealName = realname.Text.Trim();
string vSex = rdbsex.SelectedItem.Text.Trim();
string vTel = tel.Text.Trim();
string vEmail = email.Text.Trim();
string vAddress = address.Text.Trim();
string vNote = note.Text.Trim();
//调用业务逻辑组件中的添加记录的方法
UM.InsertExeSql(vUserName, vPassword, vRealName, vSex, vTel, vEmail, vAddress, vNote);
//得到返回信息的属性
string msg = UM.msg;
Page.RegisterStartupScript("alert", "<script>alert('" + msg + "');</script>");
```

同时在Res.aspx窗体的class下添加BLL.Class1 UM = new BLL.Class1(),并添加命名空间using System.Data.OleDb。

20.2.9 设计admininfo.aspx窗体

将admininfo.aspx窗体切换到设计视图,添加名称为GridView1的GridView控件。GridView控件的属性设置如表20.2所示。

表20.2 GridView控件的属性设置

控件类型	控件名	属性名称	属性值
GridView控件	GridView1	AllowPaging	True
		AutoGenerateColumns	False
		BackColor	White
		BorderColor	#336666
		BorderStyle	Double
		BorderWidth	3px
		CellPadding	4
		DataKeyNames	ID
		GridLines	Horizontal
		PageSize	5

单击GridView1控件,选择编辑列,单击编辑列,进入字段对话框,在字段对话框中添加6个BoundField可用字段到选定字段,如图20.14所示,添加3个CommandField可用字段到选定字段,如图20.15所示,添加到选定字段的属性设置如表20.3、表20.4所示。在admininfo.aspx的设计视图分别添加BindData方法和ExceSQL方法,代码如下:

```
public void BindData()
{
```

//获取数据库连接字符串

string strCon = System.Configuration.ConfigurationManager.ConnectionStrings["conn"].ConnectionString;

//定义执行查询操作的SQL语句

string sqlstr = "select * from Admin";

//创建数据库连接对象

OleDbConnection con = new OleDbConnection(strCon);

//创建数据适配器

OleDbDataAdapter da = new OleDbDataAdapter(sqlstr, con);

//创建数据集

DataSet ds = new DataSet();

//填充数据集

da.Fill(ds);

//设置GridView控件的数据源为创建的数据集ds

GridView1.DataSource = ds;

//将数据库表中的主键字段放入GridView控件的DataKeyNames属性中

GridView1.DataKeyNames = new string[] { "ID" };

//绑定数据库表中的数据

GridView1.DataBind();

}

public bool ExceSQL(string strSqlCom)

{

string strCon = "Provider=Microsoft.ACE.OleDb.12.0;Data Source=|DataDirectory|data.accdb";

//创建数据库连接对象

OleDbConnection sqlcon = new OleDbConnection(strCon);

OleDbCommand sqlcom = new OleDbCommand(strSqlCom, sqlcon);

try

{

　　//判断数据库是否为连接状态

　　if (sqlcon.State == System.Data.ConnectionState.Closed)

　　{ sqlcon.Open(); }

　　//执行SQL语句

　　sqlcom.ExecuteNonQuery();

　　//SQL语句执行成功,返回true值

　　return true;

}

```
catch
{
    //SQL语句执行失败,返回false值
    return false;
}
finally
{
    //关闭数据库连接
    sqlcon.Close();
}
}
```

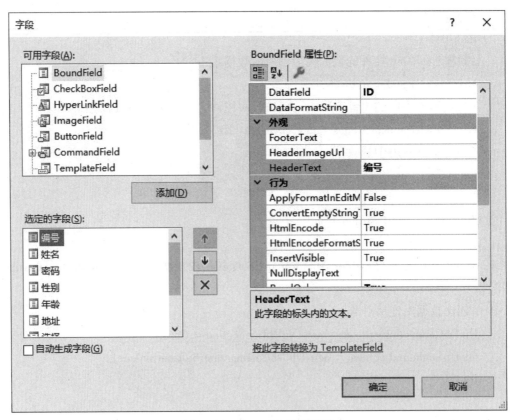

图20.14　BoundField 的设置

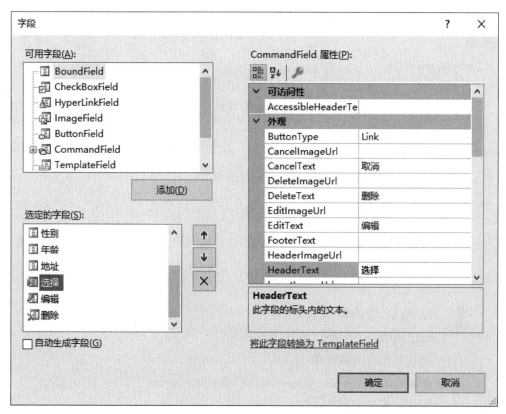

图20.15　CommandField的设置

表20.3　BoundField的属性设置

属性	DataField	HeaderText
	ID	编号
	name	姓名
	pass	密码
BoundField	sex	性别
	age	年龄
	addr	地址

表20.4　CommandField的属性设置

控件类型	属性名称	属性值
	ButtonType	Link
	HeaderText	选择
	ShowSelectButton	True
	ButtonType	Link
CommandField	HeaderText	编辑
	ShowEditButton	True
	ButtonType	Link
	HeaderText	删除
	ShowDeleteButton	True

在 admininfo.aspx 的设计视图下的 Page_Load 中添加如下代码,并在 Class 下添加 BLL.

Class1 UM = new BLL.Class1(),添加命名空间 using System.Data;using System.Data.OleDb;
using DAL。

```
        if (!IsPostBack)
            {
                //调用自定义方法绑定数据到控件
                BindData();
            }
```

在 admininfo.aspx.cs 的 class 下添加 BindData()方法如下：

```
public void BindData()
        {
                //获取数据库连接字符串
                string strCon = System. Configuration. ConfigurationManager. ConnectionStrings
["conn"].ConnectionString;
                //定义执行查询操作的SQL语句
                string sqlstr = "select * from Admin";
                //创建数据库连接对象
                OleDbConnection con = new OleDbConnection(strCon);
                //创建数据适配器
                OleDbDataAdapter da = new OleDbDataAdapter(sqlstr,con);
                //创建数据集
                DataSet ds = new DataSet();
                //填充数据集
                da.Fill(ds);
                //设置GridView控件的数据源为创建的数据集ds
                GridView1.DataSource = ds;
                //将数据库表中的主键字段放入GridView控件的DataKeyNames属性中
                GridView1.DataKeyNames = new string[] { "ID" };
                //绑定数据库表中的数据
                GridView1.DataBind();
        }
```

添加 GridView1_PageIndexChanging 单击事件代码如下：

```
GridView1.PageIndex = e.NewPageIndex;
BindData();//数据绑定
```

添加 GridView1_RowCancelingEdit 单击事件代码如下：

```
//设置GridView控件的编辑项的索引为 −1,即取消编辑
GridView1.EditIndex = −1;
BindData();//数据绑定
```

添加 GridView1_RowDeleting 单击事件代码如下：

string vid = GridView1.DataKeys[e.RowIndex].Value.ToString();

UM.DeleteExeSqlRows(vid);

BindData();

添加 GridView1_RowEditing 单击事件代码如下：

GridView1.EditIndex = e.NewEditIndex;

BindData();//数据绑定

添加 GridView1_RowUpdating 单击事件代码如下：

//取得编辑行的关键字段的值

string vid = GridView1.DataKeys[e.RowIndex].Value.ToString();

//取得文本框中输入的内容

string Nname = ((TextBox)(GridView1.Rows[e.RowIndex].Cells[1].Controls[0])).Text.ToString().Trim();

string Npass = ((TextBox)(GridView1.Rows[e.RowIndex].Cells[2].Controls[0])).Text.ToString().Trim();

string Nsex = ((TextBox)(GridView1.Rows[e.RowIndex].Cells[3].Controls[0])).Text.ToString().Trim();

string Nage = ((TextBox)(GridView1.Rows[e.RowIndex].Cells[4].Controls[0])).Text.ToString().Trim();

string Naddr = ((TextBox)(GridView1.Rows[e.RowIndex].Cells[5].Controls[0])).Text.ToString().Trim();

//调用业务逻辑组件中的添加记录的方法

UM.UpdateExeSql(Nname,Npass,Nsex,Nage,Naddr);

//得到返回信息的属性

string msg = UM.msg;

Page.RegisterStartupScript("alert","<script>alert('" + msg + "');</script>");

GridView1.EditIndex = −1;

BindData();

20.2.10 设计 UserInfo.aspx 窗体

在 UserInfo.aspx 窗体的源代码中设置 div 属性为"<div style="height: 226px; width: 630px">"。设置 div 数据居中,并在 div 下再插入 div 框,代码设置如下：

```
<div class="style2">
        用户信息 <br />
        <br />
</div>
```

在第2个div框中输入用户信息。在用户信息文字下,插入一条线,代码如下:"<hr width

="600px" style="text-align: left"/>"。在hr下插入一个5行4列的表格。其中style属性设置代码如下：

```
<head runat="server">
<title></title>
<style type="text/css">
    .style1
    {
        text-align: left;
    }
    .button
    {}
    .style2
    {
        text-align: center;
    }
</style>
</head>
```

在表格的第1列的第1、2、3、4行单元格分别输入用户名、密码、姓名和性别，在表格的第3列的第1、2、3、4行单元格分别输入联系电话、Email、联系地址和备注。在表格的第2列第1、2、3行单元格分别拖入TextBox控件，分别命名为username、psd、realname。在表格的第4列第1、2、3、4行单元格分别拖入TextBox控件，分别命名为tel、email、address、note。在表格的第2列第4行单元格拖入名为rdbsex的RadioButtonList控件。设置RadioButtonList控件的Items属性如图20.16所示。在UserInfo.aspx的Page_Load中添加如下代码：

```
if (Session["UserName"] == null || Session["Role"].ToString() != "用户")
    {
        Response.Redirect("login.aspx");
    }
    if (!IsPostBack)
    {
        string vUserName = Session["UserName"].ToString();
        DataSet ds = UM.Getuser(vUserName);
        DataTable dt = ds.Tables["datatable"];
        DataRow row = dt.Rows[0];
        string vid = row["id"].ToString();
        Session["vid"] = vid;
        username.Text = row["UserName"].ToString();
        psd.Text = row["Password"].ToString();
```

```
realname.Text = row["RealName"].ToString();
tel.Text = row["Tel"].ToString();
email.Text = row["Email"].ToString();
address.Text = row["Address"].ToString();
string vxb = row["Sex"].ToString().Trim();
if (vxb == "男")
{
    rdbsex.Items[0].Selected = true;
}
else
{
    rdbsex.Items[1].Selected = true;
}
}
```

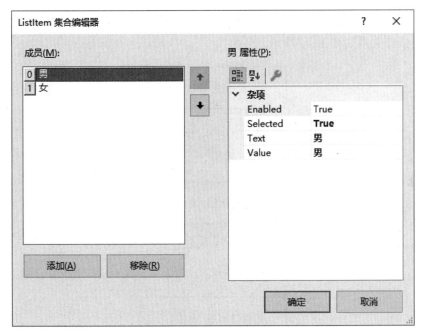

图20.16　Items 的属性

20.2.11　运行

在资源管理器中选择 UI 文件,单击鼠标右键,选择"设为启动项目"项,同时把 login.aspx 设为起始页。再单击工具栏启动调试按钮"▶"运行应用程序,可得图20.1～图20.7 所示效果。

20.3 知识链接

20.3.1 三层架构

随着软件工程的不断进步和规范化,以及面向对象思想的广泛应用,为满足软件在封装性、复用性、扩展性等方面的要求,三层架构体系应运而生。三层架构在传统的双层结构(Client-Server)模型引入了新的中间层,提供业务规则处理、数据存取、合法性校验等操作,有效地实现了页面与数据库的分离,增强了应用程序的灵活性、可移植性、安全性。

三层架构的应用程序将业务规则、数据访问、合法性校验等工作放到中间层进行处理,通常情况下客户端不直接与数据库进行交互,而是通过业务逻辑层建立连接,再经由中间层与数据库进行交互。

三层架构(3-Tier Architecture)就是将整个网站系统的业务应用划分为表示层(User Interface Layer)、业务逻辑层(Business Logic Layer)和数据访问层(Data Access layer)三层。三层结构的依赖关系如图20.17所示。

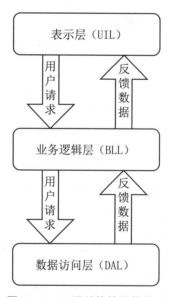

图20.17 三层结构的依赖关系

1. 表示层

表示层位于最外层(最上层),最接近用户,即ASPX或HTML页面,用于显示数据和接收用户输入的数据,为用户提供一种交互式操作的界面。

2. 业务逻辑层

业务逻辑层是系统架构中体现核心价值的部分,处于数据访问层与表示层中间,起到了数据交换中承上启下的作用。对于数据访问层而言,它是调用者;对于表示层而言,它是被调用者,项目的依赖与被依赖的关系都体现在业务逻辑层上。

3. 数据访问层

数据访问层也称为持久层,其功能主要是负责数据的访问,可以读写数据库系统、二进制文件、文本文档或 XML 文档等,用于与数据库进行交互,进行存取数据,简单的说法就是实现对数据表的 Select、Insert、Update、Delete 的操作。

20.3.2 数据绑定

数据绑定是一种自动将数据按照指定格式显示到界面上的技术。数据绑定技术分为简单数据绑定和复杂数据绑定两类。简单数据绑定是将控件的属性绑定到数据源中的某一个值,并且这些值将在页运行时确定。复杂数据绑定是将一组或一列值绑定到指定的控件(数据绑定控件),例如 ListBox、DropDownList、GridView 等。

数据绑定控件的语法如下:

数据绑定控件 ID.DataSourceID = 数据源控件 ID;

例如:

```
<asp:GridView ID="GridView1" runat="server"
    AutoGenerateColumns="False" DataSourceID="SqlDataSource1"
        EmptyDataText="没有可显示的记录。">
```

或者:

```
if ( !IsPostBack )
{
    GridView1.DataSourceID = "SqlDataSource1";
}
```

数据绑定控件 ID.DataSource = 数据集合;

数据绑定控件 ID.DataBind();

rblStuInfo.DataSource = GetTable(cmdStr).DefaultView;

rblStuInfo.DataBind();

注意:数据源控件方式只要指定数据源 id 即可;DataSource 方式在指定完数据源后必须使用绑定方法。Eval()和 Bind()方法是数据绑定的两种重要方法。

(1) Eval()方法。取属性的名称为参数,并返回其内容。仅用于只读的单向数据绑定情况。它实现了数据读取的自动化,但是没有实现数据写入自动化。其语法如下:

```
<%# Eval(属性名称) %>
```

例如:

```
<asp:Label ID="st_idLabel" runat=server Text=<%#Eval("st_id")%>/>
```

上述代码将 st_id 字段的值绑定到 Label 控件 st_idLabel 的 Text 属性上。

发布时间:<%#Eval("DateTime","{0:yyyy-mm-dd,hh:mm:ss}")%>

上述代码将 DateTime 字段的值以"年-月-日,时:分:秒"的格式呈现在浏览器上。

(2) Bind()方法。Bind()方法支持双向数据绑定——既能把数据绑定到控件,又能把数

据变更提交到数据库。它实现了数据读取的自动化,也实现了数据写入的自动化。语法与
Eval()方法的语法类似:

<%# Bind(属性名称) %>/>

例如:

<asp:TextBox ID="st_nameTextBox" runat="server" Text='<%# Bind("st_name") %>' />

上述代码将st_name字段的值绑定到TextBox控件st_nameTextBox的Text属性上。

习 题

1. 操作题

完成本任务的设计与开发。

习题答案

任务1　创建 Web 应用程序

1．选择题

（1）B （2）D （3）C （4）A （5）A （6）D （7）B （8）C （9）D （10）B

任务2　实现图书借阅管理系统网站结构

1．选择题

（1）D （2）B （3）B （4）A （5）C （6）D （7）A （8）A （9）D （10）D （11）D
（12）C （13）C （14）B （15）A

任务3　设计计算器

1．选择题

（1）A （2）C （3）AD （4）A （5）A （6）B （7）C （8）D

任务4　创建 C#应用程序

1．选择题

（1）B （2）C （3）D （4）D （5）D （6）A （7）A （8）D （9）D （10）C （11）B
（12）B （13）A

任务5　调查春游活动

1．选择题

（1）B （2）C （3）B （4）D （5）A （6）C

任务6　数据连接

1．选择题

（1）B （2）B （3）A （4）A （5）B （6）D （7）B （8）C （9）A （10）C

任务7　用户控件实现用户登录

1．选择题

（1）B （2） （3）C （4）B （5）A （6）B （7）D （8）B （9）B

任务8 数据分页

1. 选择题

（1）B （2）A （3）C （4）C （5）A （6）B （7）C （8）A （9）A （10）A

任务9 数据维护

1. 选择题

（1）D （2）A （3）B （4）C （5）D （6）C （7）D （8）D （9）D

任务10 设计和实现注册页面

1. 填空题

（1）MapPath("~") （2）CreateObject （3）Execute （4）将执行完全转移到指定页面

（5）对指定的字符串应用 HTML 编码。 （6）对指定的字符串应用 HTML 反编码

（7）将 URL 编码规则,包括转义字符,应用到指定的字符串

（8）当前应用级程序的目录 （9）所在页面的当前目录 （10）上一级目录

任务11 获取客户端数据与跨页传递数据

1. 选择题

（1）C （2）C （3）A （4）A （5）A

任务12 使用 Cookie 保存登录信息

1. 选择题

（1）C （2）D （3）D （4）C （5）D （6）D （7）C （8）A

任务13 设计聊天室

1. 选择题

（1）D （2）C （3）B （4）B （5）C （6）D （7）A （8）B （9）A （10）C （11）B （12）C （13）C （14）B （15）B

任务14 母版设计与应用

1. 选择题

（1）C （2）C （3）A （4）B （5）C （6）B （7）A （8）D （9）A （10）D

任务15 主题创建与运用

1. 填空题

（1）skin 文件、CSS 文件

（2）Page_Preinit

（3）EnableTheming="false"

（4）母版页(Master Page)

（5）特殊目录

任务16 文件上传与下载

1. 选择题

（1）B （2）B （3）C （4）A （5）C （6）B （7）A （8）C （9）A （10）A

任务18 数据操纵

1. 选择题

（1）A （2）A （3）A （4）D （5）A （6）D （7）B （8）C （9）D （10）A （11）A （12）B

2. 填空题

（1）SelectedIndex （2）ActiveViewIndex （3）−1 （4）GROUP BY （5）选择全部属性

参 考 文 献

[1] 翟鹏翔. ASP.NET Web 应用程序设计[M].北京:北京邮电大学出版社,2012.

[2] 宁云智,刘志成,李德奇.ASP.NET 程序设计实例教程[M].北京:人民邮电出版社,2012.

[3] 邹承俊,任华.ASP.NET 项目开发教程[M].北京:中国水利水电出版社,2013.

[4] 刘友生. ASP.NET 项目实训[M].北京:研究出版社,2008.

[5] 陈向东. ASP.NET 程序设计任务教程[M].北京:清华大学出版社,2014.

[6] 许锁坤. ASP.NET 技术基础[M].北京:高等教育出版社,2010.